新疆加工番茄主要病害遥感监测方法与应用

尹小君　著

中国农业大学出版社

·北京·

内容简介

利用遥感技术，对新疆加工番茄种植中常见的早疫病、细菌性斑点病和白粉病展开光谱分析，首先通过测定加工番茄三种病害叶片、冠层高光谱遥感数据，结合 HJ-1A、B 卫星 CCD 影像遥感数据，得出了光谱反射率与病害严重度的关系；同时，分析了叶片水平上三种病害色素含量的光谱响应特征，利用色素指数估测了三种病害的色素含量；最后，采用格拉姆-施密特正交变换方法、偏最小二乘法、支持向量机、遗传算法等，分别在叶片、冠层、田间三个水平上，对病害严重度进行了识别与预警。对于及时预报预测加工番茄病害发生、发展和扩散规律，具有积极的意义。

图书在版编目(CIP)数据

新疆加工番茄主要病害遥感监测方法与应用/尹小君著. --北京：中国农业大学出版社，2013.8

ISBN 978-7-5655-0746-5

Ⅰ.①新… Ⅱ.①尹… Ⅲ.①遥感技术-应用-番茄-病虫害防治 Ⅳ.①S436.412-39

中国版本图书馆 CIP 数据核字(2013)第 134178 号

书　　名　新疆加工番茄主要病害遥感监测方法与应用
作　　者　尹小君　著

策划编辑　丛晓红　潘晓丽　　**责任编辑**　梁爱荣
封面设计　郑　川
出版发行　中国农业大学出版社
社　　址　北京市海淀区圆明园西路 2 号　　**邮政编码**　100193
电　　话　发行部 010-62818525，8625　　读者服务部 010-62732336
编辑部 010-62732617，2618　　出　版　部 010-62733440
网　　址　http://www.cau.edu.cn/caup　　**e-mail** cbsszs@cau.edu.cn
经　　销　新华书店
印　　刷　北京鑫丰华彩印有限公司
版　　次　2013 年 6 月第 1 版　2013 年 6 月第 1 次印刷
规　　格　787×980　16 开本　10.5 印张　190 千字
定　　价　19.00 元

图书如有质量问题本社发行部负责调换

序

新疆是我国最大的番茄生产和加工基地，其番茄酱产量占全国产量的70%以上，以加工番茄为主的“红色产业”，成为继棉花产业（白色产业）之后新疆农业的另一支柱产业，做大做强新疆番茄产业，是新疆“十二五”期间农业结构调整优化的战略重点。随着种植时间的延长和种植面积的增加，各种病虫害危害日益严重，尤其是早疫病、细菌性斑点病和白粉病，在新疆加工番茄各种植区普遍发生，是新疆加工番茄种植过程中必须防治的病害之一。病害的发生对加工番茄的产量和品质造成很大影响，同时为了防治早疫病的发生，不合理使用化学农药将会导致番茄制品中农药残留，重金属、放射性物质等超标，影响新疆加工番茄制品的出口和贸易。因此，在大规模种植面积下，如何及早、准确地对加工番茄病虫害进行探测与预警，并采取相应的控制措施，是确保加工番茄质量和产量，促进新疆加工番茄产业稳定发展的基本保障。

遥感技术是综合性探测技术，在与测定物体没有物理接触的情况下，通过采集到物体的空间、光谱和时间信息，实现对目标的分析、监测和评价；与传统监测、防治技术相比，遥感技术具有高效率、低成本、环境友好等优势。我的博士生尹小君，利用遥感技术，对新疆加工番茄种植中常见的早疫病、细菌性斑点病和白粉病展开光谱分析，通过测定加工番茄三种病害叶片、冠层光谱数据，结合卫星遥感数据，分析光谱反射率与病害严重度的关系，得到加工番茄早疫病、细菌性斑点病和白粉病在叶片、冠层和田间的敏感光谱；并利用加工番茄病害光谱特征及规律，以及确定出的加工番茄病害敏感光谱，对叶片、冠层和田间三个水平不同程度的番茄病害进行识别与估测。

本研究的主要特点是：从叶片、冠层和田间三个水平展开加工番茄主要病害识别与估测，将SVM和GA算法引入叶片病害等级识别和卫星影像病害防治区识别，将Gram-Schmidt、PLS引入叶片色素含量估测和冠层DI的估测；研究结果表明，在显示识别能力和估测精度方面，本研究方法较单一应用任一方法效果更好，改善了遥感技术在农作物病害监测上的应用效果，在病害识别和估测方法上有一定的创新。

本书是有关新疆加工番茄遥感病害监测研究的阶段性成果，在高分辨率遥感影像信息提取，以及病害随时空变化的散发趋势、病害随生育期变化的遥感同化模型的研究等方面，还有进一步扩展的空间。希望尹小君博士能以此为起点，就病害的遥感预防与诊断、病害遥感同化模型等方面的问题展开深入的研究，早日发表新的研究成果。

南京大学地理与海洋科学学院教授　李满春

2013 年 1 月

前言

新疆是我国最大的加工番茄种植基地，其番茄酱产量占全国产量的70%以上，加工番茄产业化发展对新疆农业结构调整优化、农民增收意义重大。但近年来，加工番茄病害严重，种植户在防控过程中滥施农药，导致加工番茄原料有害物质超标，严重影响加工番茄制成品的质量和出口贸易。对于加工番茄常见病害的实时防控，成为保障新疆加工番茄产业健康发展的关键环节。

遥感技术在新疆农业生产领域应用广泛，相对于传统农业观测技术而言，遥感监测技术具有应用成本低、效率高、面积广、实时性好等显著优势，农业领域遥感技术集成已成为新疆农业现代化的标志之一。本研究利用遥感技术，对新疆加工番茄种植中常见的早疫病、细菌性斑点病和白粉病展开光谱分析，通过测定加工番茄三种病害叶片、冠层光谱数据，结合卫星遥感数据，分析光谱反射率与病害严重度的关系，采用格拉姆-施密特正交变换方法(Gram-Schmidt)、偏最小二乘法(Partial Least-Squares Algorithm，PLS 法)、支持向量机(Support Vector Machine Network，简称 SVM)、遗传算法(Genetic Algorithm，简称 GA)等，分别在叶片、冠层、田间三个水平上，对病害进行识别与预警。本研究主要结论如下：

(1)不同病害类型、不同病害等级的加工番茄病害光谱响应差异显著。随着病害的加重，在可见光范围内，对红光、蓝光的吸收增强，对绿光的反射增强；在近红外 760～930 nm，表现为随着病害的加重，光谱反射率降低；在光谱面积参数中，三种病害的蓝边面积、黄边面积、红边面积在叶片变化差异显著，蓝边和红边面积散点图呈线性分布，黄边面积散点图呈分散状态。

(2)通过试验，测算得出加工番茄主要病害的敏感光谱。依据加工番茄病害类型、病害严重度与光谱响应差异，可以依次得到加工番茄早疫病、细菌性斑点病和白粉病在叶片、冠层和田间的敏感光谱，为加工番茄主要病害的识别与估测提供技术参数支持。

(3)利用加工番茄病害光谱特征及规律，以及确定出的加工番茄病害敏感光谱，对叶片、冠层和田间三个水平不同的病害进行识别与估测。利用 GA-SVM 模型对叶片的病害等级进行识别，与传统的色素含量指数相比，新建的色素含量指数的估测精度较高；利用 Gram-Schmidt 和 PLS 对冠层加工番茄早疫病 DI 进行估测，对原始光谱反射率进行一阶、二阶和反对数变换，构建多波段诊断模型，确定最佳估测模型，实现病害较高精度估测。利用HJ卫星影像对加工番茄病害区进行监测，得出新建PTD植被指数具有最优的识别效率，同时利用GA-SVM模型寻找最优的参数c和g，最后应用于CCD影像，实现对加工番茄主要病害的实时监测。

本研究从叶片、冠层和田间三个水平展开加工番茄主要病害识别与估测，将SVM和GA算法引入叶片病害等级识别和卫星影像病害防治区识别，将Gram-Schmidt、PLS引入叶片色素含量估测和冠层DI的估测；研究结果表明，在显示识别能力和估测精度方面，本研究方法较单一应用任一方法效果更好，改善了遥感技术在农作物病害监测上的应用效果，在病害识别和估测方法上有一定创新。

著　者

2013.1

目 录

第1章 绪 论 ………………………………………… 1

1.1 研究背景与研究意义 ………………………………… 1

1.1.1 研究背景 ………………………………………… 1

1.1.2 研究意义 ………………………………………… 2

1.2 研究综述 ………………………………………… 3

1.2.1 植被病害不同遥感监测方法研究进展 …………… 3

1.2.2 植被病害不同水平遥感监测研究进展 …………… 5

1.2.3 加工番茄病害遥感监测研究进展 ………………… 9

1.2.4 研究评述 ………………………………………… 10

1.3 研究目的、研究内容和课题来源 ……………………… 10

1.3.1 研究目的 ………………………………………… 10

1.3.2 研究内容 ………………………………………… 11

1.3.3 课题来源 ………………………………………… 11

1.4 研究思路与技术路线 ………………………………… 11

第2章 资料与数据 ………………………………………… 14

2.1 加工番茄主要病害与试验品种 ……………………… 15

2.1.1 主要病害 ………………………………………… 15

2.1.2 试验品种 ………………………………………… 16

2.2 研究区与数据获取 ………………………………… 17

2.2.1 研究区 ………………………………………… 17

2.2.2 小区试验设计 …………………………………… 18

2.2.3 野外大田试验 …………………………………… 18

2.2.4 数据获取 ………………………………………… 19

2.3 试验设计 ………………………………………… 20

2.3.1 光谱测量 ………………………………………… 20

2.3.2 色素含量测定 …… 21
2.3.3 叶片病害等级分级 …… 22
2.3.4 冠层病情指数测算 …… 24
2.3.5 遥感病害测算 …… 24
第3章 加工番茄病害叶片光谱分析、识别与色素含量估测 …… 25
3.1 加工番茄病害叶片高光谱特征分析 …… 25
3.1.1 植被叶片光谱特征 …… 25
3.1.2 加工番茄健康叶片高光谱特征 …… 27
3.1.3 加工番茄病害叶片高光谱特征 …… 28
3.2 加工番茄病害叶片光谱特征参数 …… 30
3.2.1 加工番茄病害叶片"三边"参数 …… 30
3.2.2 加工番茄病害叶片"绿峰"和"红谷"参数 …… 37
3.2.3 加工番茄病害叶片光谱面积参数 …… 40
3.3 加工番茄病害叶片识别 …… 43
3.3.1 加工番茄单叶病害高光谱识别模型 …… 44
3.3.2 加工番茄单叶早疫病高光谱识别 …… 48
3.3.3 加工番茄单叶细菌性斑点病高光谱识别 …… 52
3.3.4 加工番茄单叶白粉病高光谱识别 …… 55
3.4 加工番茄病害叶片色素含量估测 …… 59
3.4.1 加工番茄单叶病害色素含量估测算法 …… 60
3.4.2 加工番茄单叶早疫病色素含量高光谱估测 …… 62
3.4.3 加工番茄单叶细菌性斑点病色素含量高光谱估测 …… 70
3.4.4 加工番茄单叶白粉病色素含量高光谱估测 …… 78
3.5 本章小结 …… 86
第4章 加工番茄病害冠层光谱分析与估测 …… 88
4.1 加工番茄病害冠层高光谱特征分析 …… 88
4.1.1 加工番茄病害冠层高光谱特征 …… 88
4.1.2 加工番茄病害冠层不同发育期高光谱特征 …… 90

4.2 加工番茄病害冠层光谱特征参数 …… 91
4.2.1 加工番茄病害冠层“三边”参数 …… 91
4.2.2 加工番茄病害冠层“绿峰”和“红谷”参数 …… 95
4.2.3 加工番茄病害冠层光谱面积参数 …… 97
4.3 加工番茄冠层病害估测 …… 99
4.3.1 加工番茄冠层病害高光谱估测算法 …… 99
4.3.2 加工番茄冠层早疫病高光谱估测 …… 100
4.3.3 加工番茄冠层细菌性斑点病高光谱估测 …… 107
4.3.4 加工番茄冠层白粉病高光谱估测 …… 110
4.4 本章小结 …… 113
第5章 加工番茄病害卫星遥感影像光谱分析与识别 …… 115
5.1 HJ 卫星 CCD 影像遥感数据获取与预处理 …… 115
5.1.1 HJ 卫星 CCD 影像遥感数据获取 …… 115
5.1.2 HJ 卫星 CCD 影像预处理 …… 116
5.2 HJ 卫星 CCD 影像遥感数据光谱分析 …… 118
5.3 基于 HJ 卫星 CCD 影像遥感数据的加工番茄病害识别 …… 121
5.3.1 加工番茄病害防治区的确定 …… 121
5.3.2 加工番茄病害防治区 CCD 影像植被指数分析 …… 122
5.3.3 基于 GA-SVM 的加工番茄病害防治区 CCD 影像识别 …… 129
5.4 基于 GA-SVM 的加工番茄病害防治区 CCD 影像识别结果 …… 130
5.5 本章小结 …… 135
第6章 结论与展望 …… 136
6.1 研究结论 …… 136
6.2 创新点 …… 138
6.3 研究展望 …… 138
参考文献 …… 140

图录

图 1.1　技术路线图 ……………………………………………………………… (12)
图 2.1　加工番茄种植区示意图 ………………………………………………… (14)
图 2.2　研究区示意图 …………………………………………………………… (17)
图 2.3　小区试验田 ……………………………………………………………… (18)
图 2.4　冠层光谱测量示意图 …………………………………………………… (21)
图 2.5　加工番茄单叶早疫病 …………………………………………………… (22)
图 2.6　加工番茄单叶细菌性斑点病 …………………………………………… (23)
图 2.7　加工番茄单叶白粉病 …………………………………………………… (23)
图 2.8　加工番茄冠层病害 ……………………………………………………… (24)
图 3.1　植被叶子的光谱反射率曲线 …………………………………………… (26)
图 3.2　健康叶片光谱反射率曲线 ……………………………………………… (27)
图 3.3　健康叶片 400～700 nm 光谱反射率曲线 ……………………………… (27)
图 3.4　里格尔 87-5 早疫病不同病害等级叶片光谱特征 ……………………… (28)
图 3.5　石番 28 早疫病不同病害等级叶片光谱特征 …………………………… (28)
图 3.6　里格尔 87-5 细菌性斑点病不同病害等级叶片光谱特征 ……………… (29)
图 3.7　石番 28 细菌性斑点病不同病害等级叶片光谱特征 …………………… (29)
图 3.8　屯河 8 号白粉病不同病害等级叶片光谱特征 ………………………… (30)
图 3.9　里格尔 87-5 单叶早疫病蓝边、黄边和红边 …………………………… (32)
图 3.10　石番 28 单叶早疫病蓝边、黄边和红边 ……………………………… (33)
图 3.11　里格尔 87-5 单叶细菌性斑点病蓝边、黄边和红边 ………………… (34)
图 3.12　石番 28 单叶细菌性斑点病蓝边、黄边和红边 ……………………… (35)
图 3.13　屯河 8 号单叶白粉病蓝边、黄边和红边 …………………………… (37)
图 3.14　早疫病单叶“绿峰”和“红谷” ………………………………………… (38)
图 3.15　细菌性斑点病单叶“绿峰”和“红谷” ………………………………… (39)
图 3.16　白粉病病单叶“绿峰”和“红谷” ……………………………………… (40)
图 3.17　早疫病单叶蓝边、黄边和红边面积 …………………………………… (41)
图 3.18　细菌性斑点病单叶蓝边、黄边和红边面积 …………………………… (42)
图 3.19　白粉病单叶蓝边、黄边和红边面积 …………………………………… (43)

图 3.20　GA 和 SVM 算法 …………………………………………………………… (47)
图 3.21　早疫病单叶病害等级与光谱反射率相关曲线 ………………………… (48)
图 3.22　单叶早疫病分段主成分 P_1、P_2 得分图 …………………………………… (50)
图 3.23　单叶早疫病适应度曲线和实际和预测分类图 ………………………… (51)
图 3.24　单叶细菌性斑点病病害等级与光谱反射率相关曲线 ………………… (52)
图 3.25　分段主成分 P_1、P_2 得分图 ……………………………………………… (53)
图 3.26　单叶细菌性斑点病适应度曲线图与实际和预测分类图 ……………… (55)
图 3.27　单叶白粉病病害等级与光谱反射率相关曲线 ………………………… (56)
图 3.28　单叶白粉病原始光谱分段主成分 P_1、P_2 得分图 ………………………… (57)
图 3.29　单叶白粉病适应度曲线与实际和预测分类图 ………………………… (58)
图 3.30　加工番茄单叶病害色素含量估测算法 ………………………………… (61)
图 3.31　早疫病叶片色素含量图 ………………………………………………… (63)
图 3.32　早疫病叶片色素含量与原始光谱反射率相关性 ……………………… (64)
图 3.33　病害加工番茄叶片色素含量与一阶微分光谱反射率相关性 ………… (65)
图 3.34　细菌性斑点病不同等级病叶的光谱特征分析 ………………………… (72)
图 3.35　细菌性斑点病叶片色素含量与光谱数据相关曲线 …………………… (73)
图 3.36　细菌性斑点病色素含量高光谱估测模型
$w_1^* r_1 / w_2^* r_2$ 平面图 ……………………………………………………… (75)
图 3.37　白粉病色素含量与原始光谱反射率相关曲线图 ……………………… (80)
图 3.38　白粉病色素含量与光谱变换相关曲线图 ……………………………… (81)
图 4.1　早疫病冠层光谱反射率曲线 …………………………………………… (89)
图 4.2　细菌性斑点病冠层光谱反射率曲线 …………………………………… (89)
图 4.3　白粉病冠层光谱反射率曲线 …………………………………………… (89)
图 4.4　不同生长时期早疫病的冠层光谱反射率曲线 ………………………… (90)
图 4.5　不同生长时期细菌性斑点病的冠层光谱反射率曲线 ………………… (90)
图 4.6　加工番茄三种病害“蓝边”曲线图 ……………………………………… (92)
图 4.7　加工番茄三种病害“黄边”曲线图 ……………………………………… (93)
图 4.8　加工番茄三种病害“红边”曲线图 ……………………………………… (94)
图 4.9　早疫病冠层光谱“绿峰”和“红谷”变化图 ……………………………… (95)
图 4.10　细菌性斑点病冠层光谱“绿峰”和“红谷”变化图 ……………………… (96)
图 4.11　白粉病冠层光谱“绿峰”和“红谷”变化图 ……………………………… (96)
图 4.12　早疫病冠层光谱面积参数图 …………………………………………… (97)
图 4.13　细菌性斑点病冠层光谱面积参数图 …………………………………… (98)

图 4.14　白粉病冠层光谱面积参数图 ……………………………………（98）
图 4.15　加工番茄冠层病害估测算法 ……………………………………（100）
图 4.16　不同 DI 的原始光谱反射率曲线图 ……………………………（103）
图 4.17　不同 DI 的连续统去除变换曲线图 ……………………………（103）
图 4.18　冠层早疫病 $w_1^* r_1/w_2^* r_2$ 平面图 ………………………………（106）
图 4.19　早疫病冠层观察值与预测值拟合图 ……………………………（106）
图 4.20　DI 与细菌性斑点病冠层光谱相关分析 …………………………（108）
图 4.21　观察值和预测值比较图 …………………………………………（110）
图 4.22　DI 与白粉病冠层光谱的相关分析 ……………………………（111）
图 4.23　白粉病冠层 $w_1^* r_1/w_2^* r_2$ 平面图 ………………………………（112）
图 4.24　白粉病观察值与预测值拟合图 …………………………………（112）
图 5.1　研究区地表反射率遥感图像 ………………………………………（118）
图 5.2　加工番茄叶片、冠层光谱反射率和病害严重度相关分析 ………（119）
图 5.3　CCD 影像病害光谱特征分析………………………………………（122）
图 5.4　CCD 假彩色合成影像………………………………………………（122）
图 5.5　HJ-1A 卫星 2010-08-05CCD 影像加工番茄指数计算结果图 ……（123）
图 5.6　HJ-1A 卫星 2010-08-16CCD 影像加工番茄指数计算结果图 ……（124）
图 5.7　HJ-1A 卫星 2010-08-23CCD 影像加工番茄指数计算结果图 ……（125）
图 5.8　HJ-1B 卫星 2010-08-04CCD 影像加工番茄指数计算结果图………（126）
图 5.9　HJ-1B 卫星 2010-08-12CCD 影像加工番茄指数计算结果图………（127）
图 5.10　HJ-1B 卫星 2010-08-20CCD 影像加工番茄指数计算结果图
……………………………………………………………………（128）
图 5.11　基于 GA-SVM 的加工番茄 CCD 影像识别算法 …………………（130）
图 5.12　B_3 的适应度曲线和分类图 ……………………………………（131）
图 5.13　B_4 的适应度曲线和分类图 ……………………………………（131）
图 5.14　RVI 的适应度曲线和分类图 ……………………………………（132）
图 5.15　NDVI 的适应度曲线和分类图 …………………………………（132）
图 5.16　DVI 的适应度曲线和分类图 ……………………………………（133）
图 5.17　PTD 的适应度曲线和分类图 ……………………………………（133）
图 5.18　GA-SVM 分类结果图(2010-08-04) …………………………………（134）
图 5.19　GA-SVM 分类结果图(2010-08-12) …………………………………（134）
图 5.20　GA-SVM 分类结果图(2010-08-20)　　　　　　　　　　　　　（135）

表录

表 2.1　单叶数据获取样本数 ……………………………………………… (19)
表 2.2　色素含量数据获取样本数 …………………………………………… (19)
表 2.3　冠层数据获取样本数 ……………………………………………… (20)
表 2.4　HJ-1-A、B 卫星遥感影像数据 ……………………………………… (20)
表 3.1　光谱特征参数定义表 ……………………………………………… (31)
表 3.2　早疫病单叶病害等级与敏感波段相关系数表 ……………………… (48)
表 3.3　单叶早疫病相关系数矩阵表 ……………………………………… (49)
表 3.4　单叶早疫病原始光谱前 5 个主成分解释的变异百分比 ………… (50)
表 3.5　单叶早疫病训练样本和测试样本的准确率 ……………………… (51)
表 3.6　细菌性斑点病单叶病害等级与敏感波段相关系数表 …………… (53)
表 3.7　单叶细菌性斑点病原始光谱前 5 个主成分解释的变异百分比 …… (54)
表 3.8　单叶细菌性斑点病训练样本和测试样本的准确率 ……………… (54)
表 3.9　单叶白粉病病害等级与敏感波段相关系数表 …………………… (56)
表 3.10　单叶白粉病原始光谱前 5 个主成分解释的变异百分比 ………… (57)
表 3.11　单叶白粉病训练样本和测试样本的准确率表 …………………… (57)
表 3.12　早疫病色素光谱变量特征参数表 ………………………………… (62)
表 3.13　早疫病叶片色素含量与光谱特征参数反射率相关性 …………… (66)
表 3.14　加工番茄光谱特征参数分析 ……………………………………… (68)
表 3.15　早疫病色素含量估算模型精度检验 ……………………………… (69)
表 3.16　归一化色素指数定义表 …………………………………………… (71)
表 3.17　细菌性斑点病色素含量与归一化指数相关分析 ………………… (74)
表 3.18　细菌性斑点病色素含量高光谱估测模型成分解释变量分析 ……… (76)
表 3.19　细菌性斑点病色素含量高光谱估测模型及精度检验 …………… (77)
表 3.20　白粉病光谱特征参数定义表 ……………………………………… (79)
表 3.21　白粉病色素含量与光谱特征参数相关分析 ……………………… (82)
表 3.22　白粉病色素含量与光谱特征参数 PLS 法分析 …………………… (83)
表 3.23　白粉病色素含量高光谱估测模型与精度检验 …………………… (84)
表 4.1　光谱特征参数定义表 ……………………………………………… (100)

表 4.2　光谱特征参数值与 DI 值对应表 ……………………………………… (104)
表 4.3　Gram-Schmidt 算法对光谱特征参数成分提取表 ………………………… (105)
表 4.4　早疫病 PLS 成分解释变量分析 …………………………………………… (105)
表 4.5　早疫病冠层光谱反射率估测模型 ………………………………………… (106)
表 4.6　DI 与敏感波段的 PLS 分析 ……………………………………………… (109)
表 4.7　DI 的 PLS 估测模型与检验 ……………………………………………… (109)
表 4.8　白粉病冠层光谱反射率估测模型 ………………………………………… (112)
表 5.1　HJ-1-A、B 卫星主要载荷参数 …………………………………………… (115)
表 5.2　HJ-1A、B 卫星遥感影像几何校正重采样参数表…………………………… (116)
表 5.3　HJ-1A、B 卫星 CCD 相机增益的定标系数 ………………………………… (117)
表 5.4　通过检验波段光谱表 ……………………………………………………… (120)
表 5.5　植被指数分析 ……………………………………………………………… (129)
表 5.6　GA-SVM 的参数表 ………………………………………………………… (130)

第1章 绪 论

1.1 研究背景与研究意义

1.1.1 研究背景

加工番茄是番茄的一种，果皮比普通番茄厚，耐贮藏运输。主要特点是不搭架不整枝栽培，矮化自封顶，一般植株高度在 30～90 cm，分枝数多，匍匐、直立或半直立生长，花期较集中，果实多呈椭圆形，比普通番茄略小，一般 30～120 g，在我国种植区主要集中在新疆天山北坡，主要用途是生产番茄酱，另有番茄干、番茄粉、番茄红素等产品。

新疆加工番茄种植已有 20 多年的历史，基于特殊的气候条件和地理资源优势，新疆加工番茄的番茄红素、可溶性固形物含量高，黏度好，是生产加工番茄制品的上等原料。20 世纪 90 年代，在中粮屯河股份有限公司、新疆中基实业股份有限公司等番茄酱加工龙头企业带动下，新疆加工番茄产业化进程得到迅猛发展。新疆加工番茄种植面积、产量逐年增加，番茄酱出口创汇能力逐渐增强，以加工番茄种植加工为主的“红色产业”，正成为继棉花产业（白色产业）之后新疆农业的另一支柱产业，对新疆农业经济增长与农民增收贡献巨大。抓住时机，继续做大做强新疆加工番茄产业，将是新疆“十二五”期间农业经济结构调整优化的战略重点。

新疆加工番茄产业化迅速发展的同时，也面临诸多的问题。其关键问题之一，就是由于多年连种以及种植规模不断扩大，加工番茄病害日益严重，对新疆加工番茄的产量和品质造成很大影响。而加工番茄种植户为了防治番茄病害，在种植过程中施用大量化学农药，进一步导致加工番茄原料中农药残留、重金属、放射性物质超标，原料问题造成番茄酱质量下降，严重影响了加工番茄产品的出口和贸易。因此，在大规模种植面积下，如何及早、准确的对加工番茄病害进行预警，并采取相应的控制措施，是确保加工番茄质量和产量，促进新疆加工番茄产业稳定发展的基本保障。

2012 年中央一号文件指出，实现农业可持续稳定发展、长期确保农产品有效的供给，根本的出路在科技。必须紧紧抓住世界科技革命方兴未艾的历史机遇，坚持科教兴农战略,推动农业科技跨越发展,为农业增产、农民增收、农村繁荣注入强劲动力。新疆农业生产较之内地省份,具有生产规模大、灌溉系统发达、机械化程度高等特点,在先进农业技术推广方面优势明显且成效显著。其中,依托中国科学院新疆分院及各高校科研力量,利用遥感技术在农业生产领域进行了广泛的应用研究,农业领域遥感技术集成已成为新疆农业现代化的标志之一。

1.1.2 研究意义

遥感技术是综合性探测技术,在与测定物体没有物理接触的情况下,采集到物体的空间、光谱和时间信息,实现对目标的分析、监测和评价。近年来,随着高分辨率遥感技术的发展,航天遥感影像的空间分辨率可达到0.5 m,航空遥感影像光谱分辨率高达3~4 nm,大大提高了信息提取的能力和监测精度(宫鹏等,2006),可以识别散点状、螺纹状、斑块状、细条状病虫害细微信息(Liu et al.,2006;乔红波等,2009;刘占宇等,2008;黄木易等,2003)。因此,通过遥感技术,对作物病害进行实时监测,预报预测病害发生发展和扩散规律,具有积极的防治效果。

利用遥感技术对加工番茄病害进行监测,有利于农户对病害进行及时防治,有利于降低杀菌剂的使用量,提高生态环境的保护。

1.有助于节约成本,提高病害检测效率

传统的作物病害预测预报主要依赖于植保人员进行田间调查并结合气象资料、生物学知识和经验对病害进行监测,费力、耗时、成本高、效率低。利用遥感技术对作物病害进行监测,可以对作物病害进行实时、定点、定位的调查和诊断,有利于节约人力、物力成本,提高病害检测精度和效率。

2.有助于病害及时防控,保护生态环境

作物受到病害的侵蚀,在光谱响应上会呈现一定的差异,因而可以使用遥感技术,对病害进行无损、快速、大面积监测,进而为种植户病害防治提供决策依据,防止病害进一步扩散。间接起到降低杀菌剂的使用量,保护生态环境的作用。

3.有助于深化作物病害遥感监测机理的研究

各种地物的结构和细胞组织不同,在电磁波相互作用下,由于原子、电子跃迁,分子振动与转动等复杂作用,会在特定的波长位置形成反映物质成分和细胞结构信息的光谱吸收和反射特征。通过光谱反射率数据对加工番茄病害严重度进行监测,可以帮助我们定量分析不同病害严重度与加工番茄内部结构变化的光谱响应特征,进一步加深遥感机理的理解。

1.2 研究综述

1.2.1 植被病害不同遥感监测方法研究进展

遥感监测技术是一种无损测试技术，其具有大面积、无破坏、快速、宏观和客观等优点。植被病害遥感监测是通过获取、分析植被病害的反射波谱信息或辐射波谱信息，实现病害严重度、空间分布信息的识别和估测技术。可归纳为以下三种方法：

1.基于光谱匹配的病害识别方法

因为病害胁迫将导致植被的结构和组成成分不同，在光谱反射和辐射特征响应上存在一定的差异，从而在光谱曲线上形成病害特有的具有诊断意义的光谱特征。通过对植被病害光谱测定以及光谱运算，可以区分不同病害严重度的植被。

2.基于统计模型的病害识别和估测方法

统计学中的主成分分析、判别分析、聚类分析、线性与非线性回归、偏最小二乘法是植被遥感识别和估测的重要方法，通过构建模型可以进行定量监测，主要应用于农学参数的估测(Boegh et al.,2002;Curran et al.,1992;Osborne et al.,2002;Shibayama and Akiyama,1991)、氮素含量的估测(Dungan et al.,1996;Zhao et al.,2005)、叶绿素含量的估测(Broge and Mortensen,2002)(Gitelson and Merzlyak,1997)、生物量的估测(Osborne et al.,2002)、叶面积指数的估测(Kalacska et al.,2004;Wang et al.,2005)和产量的估测(Hansen et al.,2002;Shibayama and Akiyama,1991)。

3.基于神经网络的病害识别和估测方法

人工神经网络(Artificial Neural Network,简称ANN)是指模拟人脑神经系统的结构和功能，运用大量的处理部件，由人工方式建立起来的网络系统。它是在生物神经网络研究的基础上建立起来的，是对脑神经系统的结构和功能的模拟，具有学习能力、记忆能力、计算能力以及智能处理功能。神经网络技术在遥感处理中的应用主要有单一的后向传播神经网络(Back-Propagation Neural network,简称BP)、径向基神经网络(Radial Basis Function network,简称RBF)、学习矢量量化网络(learning Vector Quantization network,简称LVQ)、自组织映射图神经网络(Self-organization Map network,简称SOM)和支持向量机(Support Vector Machine network,简称SVM)等。神经网络应用范围比较广泛，在土地利用与土地覆盖(Hepner et al.,1990;Solaiman and Mouchot,1994;张友水等,2003)、遥感图像分类(Dawson et al.,1999;Foody et al.,1997;Goel et al.,2003;Han et al.,2003;Pax-Lenney et al.,2001;Zhang,1999)、农学参数提取(Bruzzone and Prieto,1999;Fang and Liang,2005;Karimi et al.,2006;Mazzoni et al.,2007;Smith,1993;Walthall et al.,2004;Weiss and Baret,1999;Yi et al.,2007)等方面,同时也应用于植被病害遥感识别和监测。

1.2.1.1 植被病害遥感识别研究方法

1.利用光谱匹配进行识别的研究

Graeff et al.(2006)测量了小麦白粉病和白穗病的叶片光谱反射率,对病害进行判别。Naidu et al.(2009)得出葡萄叶片可见光光谱的特征,可以识别健康葡萄和葡萄卷叶病。Polischuk et al.(1997)分析了病毒性感染的烟草光谱特征。Sasaki et al.(1998)得出500 nm、600 nm、650 nm是诊断健康叶片和病害叶片的最佳波段。

2.利用统计分析进行识别的研究

Apan et al.(2004)利用判别分析,从EO-1高光谱遥感影像,对甘蔗叶锈病进行识别。Qin et al.(2008)利用以主成分分析为基础的分类方法对柑橘溃疡病进行了识别。刘良云和黄木易等(2004)利用相关分析对冬小麦条锈病的病害严重度进行了反演。柴阿丽等(2010)利用逐步判别分析和典型判别分析对黄瓜白粉病、角斑病、霜霉病、褐斑病和无病区域进行识别。

3.利用神经网络进行识别的研究

Moshou et al.(2004)利用神经网络对小麦黄锈病冠层光谱进行识别。李波等(2009a;2009b)利用主成分分析和概率神经网络对水稻受稻干尖线虫病危害和稻纵卷叶螟危害两种光谱进行识别。杨昊谕等(2010)采用荧光光谱技术获得黄瓜病虫害光谱数据,利用支持向量机和主成分分析对黄瓜病害和虫害进行识别。王玉亮等(2010)提出一种基于多对象有效特征提取和主成分分析优化神经网络的玉米种子品种识别方法,总识别率达到97%以上。王海光等(2007)对不同严重度的小麦条锈病病叶,用SVM算法进行了判别分析。刘占宇等(2007;2009)先后通过LVQ和SVM对水稻白穗和正常穗、倒伏水稻识别进行了研究。

1.2.1.2 植被病害遥感估测研究方法

1.利用线性非线性回归方法对植被病害遥感估测的研究

Wang et al.(2002)利用PLS法,运用可见光和近红外光谱预测了水稻正常穗和霉穗。Delalieux et al.(2007)分别使用线性逐步回归分析、PLS法、决策树对苹果疮痂病进行监测。Huang and Apan(2006)利用非成像便携式高光谱仪ASD,

对芹菜菌核病进行监测，通过 PLS 法，得出 400～1 300 nm 和 300～2 500 nm有相似的预测能力。Min and Lee (2005)对柑橘的氮浓度进行预测，多元逐步回归对选择波段有好的回归效果，PLS 法对全部波段 400～2 500 nm 预测效果比较理想。Nicolai et al. (2006)利用 PLS 法对健康苹果和病变苹果进行了监测。竟霞等(2009)利用 PLS 法建立棉花黄萎病病情严重度的估测模型。

2. 利用神经网络方法对植被病害遥感估测的研究

Moshou et al. (2004)对小麦黄锈病用 SOM 网络和多层感知器神经网络进行监测，效果比较好。Wu et al. (2008)在可见光和近红外波段，通过 BP 网络，对茄子叶片的灰霉菌进行了监测。Wang et al. (2008)通过高光谱影像，利用神经网络对番茄晚疫病进行识别，大田冠层光谱反射率识别的真实值和预测值相关系数为 0.99，影像识别的真实值和预测值的相关系数为 0.82。刘占宇等(2008)对叶片光谱反射率进行重采样，求一阶、二阶微分，然后利用主成分分析技术对光谱数据分析，最后利用 RBF 网络对水稻胡麻叶斑病病害严重度进行预测，预测均方根误差为 7.73%。

1.2.2 植被病害不同水平遥感监测研究进展

1.2.2.1 植被病害叶片水平遥感监测

植被病害叶片光谱分析，具有非破坏性，自动化获取叶片的光谱特征，同时可以选取病害危害的敏感波段，为卫星遥感对地面植被病虫害监测进行定标。植被病害叶片光谱特征对植被的生化组成及含量估测提供了依据。

国内外学者对植被病害叶片光谱特征进行了大量的研究，Nilsson et al. (1991；1985)研究了大麦网斑病、油菜茎腐病、大麦条锈病叶片的光谱反射率，得出在近红外波段、近红外/红光、绿光/红光与病害严重度有较高的相关性。Polischuk et al. (1997)测量了烟草感染花叶病毒的叶片光谱反射率，得出利用光谱反射率可以监测叶绿素含量的变化。Sasaki et al. (1998)利用 500、600 和 650 nm 波段光谱反射率，区分黄瓜健康叶片和受害叶片，识别精度达 90%。Steddom et al. (2005)用叶片高光谱反射率分析了受褐斑病危害的甜菜。黄木易等(2004)研究了冬小麦条锈病单叶光谱特征。陈兵等(2007)研究了棉花黄萎病病叶光谱特征与病情严重度的相关性。在植被病害叶片遥感监测中，学者们主要是从植被病害的光谱响应入手，通过对光谱反射率的不同变换和组合方式，如植被指数、连续统去除变换、光谱角度指数等，寻找不同植被的强响应光谱，从而对病害进行识别和估测，达到监测病害变化的目的。

除此之外，学者利用植被病害叶片光谱特征对色素含量、氮素含量、水分含量等进行了估测。国外学者主要研究了栗树(Blackburn, 1998)、七叶树和挪威枫(Gitelson et al., 1996)、向日葵(Penuelas et al., 1994)、甘蔗(Zarco-Tejada et al., 2001)等叶片的色素含量。国外学者利用归一化植被指数估算植被叶绿素含量,生成了不同的色素含量归一化指数,对叶绿素总量估测的归一化指数有 NPQI(Normalized Pigment Quantity Index)(Barnes et al., 1992)、$NDVIv_1$(Normalized Difference Vegetation Index v1)和 $NDVIv_2$(Normalized Difference Vegetation Index v2)(Vogelmann et al., 1993)、NDI(Normalized Difference Index)(Gitelson and Merzlyak, 1994)、GNDVI(Green Normalized Difference Vegetation Index)(Gitelson and Merzlyak, 1994);NDVIz(Zarco-Tejada et al., 2001)、NDVIm(Maccioni et al., 2001)、mND_{705}(m Normalized Difference 705)和 mSR_{705}(m Simple Ratio 705)(Sims and Gamon, 2002);对叶绿素 a 估测的归一化指数有 PSSRa(Pigment Specific Simple Ratio a)(Blackburn, 1998)、PSNDa(Pigment Specific Normalized Difference a)(Blackburn, 1998);对叶绿素 b 估测的归一化指数有 PSSRb(Pigment Specific Simple Ratio b)(Blackburn, 1998)、PSNDb(Pigment Specific Normalized Difference b)(Blackburn, 1998);对类胡萝卜素估测的归一化指数有 PSNDc(Pigment Specific Normalized Difference c)(Blackburn, 1998);Penuelas 等(Penuelas et al., 1995)利用归一化指数 NPCI(Normalized Pigment Chlorophyll ratio Index)和 SIPI(Structure insensitive pigment index)(Penuelas et al., 1994)、PRI(Physiological Reflectance Index)(Penuelas et al., 1997)估测了类胡萝卜素和叶绿素 a 的比值。国内学者对植被色素含量估测也进行了大量的研究,主要集中在对水稻叶片叶绿素含量(王福民等, 2009a; 2009b; 李云梅等, 2003a; 唐延林等, 2003a; 唐延林等, 2003b;程乾等, 2004; 刘伟东等, 2000; 陈君颖等, 2005);小麦叶片叶绿素含量(吉海彦等, 2007);棉花叶片叶绿素含量(姚霞等, 2007; 唐延林等, 2003b; 陈兵等, 2010)。对叶片色素含量估测的研究中,主要是对叶绿素总量的估测,对类胡萝卜素的估测研究相对来说比较少,国外学者的研究主要集中在森林和树木上,国内学者的研究主要集中在农作物。

国内外学者对植被叶片氮素含量估测进行了大量研究。Thomas and Gausman(1977)研究了甜瓜、玉米、黄瓜、高粱、棉花、烟草的可见光光谱反射率,估算了它们的氮素含量。Curran et al.(1992)研究了松树活体鲜叶片的光谱反射率,利用近红外反射光谱估算了其氮素含量。Johnson et al.(2001)利用光谱反射率的倒数对数的二阶微分变换法估测了花旗松干叶片的氮素含量。Kokaly and Clark(1999)研究了松树林和落叶林干树叶的氮素含量。Johnson et al.(2001)利用光谱反射率的一阶微分估算了树叶叶片的氮素含量。国内对叶片氮素含量的研究主要还是集中在农作物上，水稻叶片氮素含量的估测（王人潮等，1993；周冬琴等，2008；陈青春等，2011）；小麦叶片氮素含量的估测（李映雪等，2006；姚霞等，2009；冯伟等，2008）；棉花叶片氮素含量的估测（朱艳等，2007；吴华兵等，2007）；冬小麦叶片氮素含量的估测（张雪红和田庆久，2010）。对叶片氮素含量的研究，国内外的学者主要从不同供氮条件下对植被光谱的响应进行了研究，国内学者还研究了植被氮素的垂直分布（王纪华等，2004；2007）

除此之外，对植被水分含量也进行了研究。Gao et al.(1996)生成了归一化水分指数 NDWI(Normalized Difference Water Index)指数。Colombo et al.(2008)利用高光谱 AVIRIS 影像的植被指数，反演了白杨叶片和冠层的水分含量。田庆久等(2000)对小麦叶片进行了光谱反射率的测定，得出在 1 450 nm 附近水的特征吸收峰深度和面积呈现良好的线性正相关关系。王纪华等 (2007)研究了小麦叶片含水量对近红外波段光谱吸收特征参量的影响，1 450 nm 附近的光谱反射率强吸收特征是小麦叶片水分状态的敏感波段。

1.2.2.2 植被病害冠层水平遥感监测

植被冠层光谱除了受冠层叶片的纹理结构和内部生化成分的影响，还受冠层叶片及其他组分的角度、密度和背景（土壤）等的影响；冠层植被病害监测容易受观测地点和天气情况（风、云、太阳高度角等）的影响，而不同生长时期的植被冠层光谱可以反映植被群体病害趋势，对植被病害防治具有重要意义。

Muhammed and Larsolle(2005)利用优选光谱特征向量技术，经主成分分析对病害严重度进行区分，研究结果表明，小麦冠层近红外区域光谱反射率下降，绿峰顶点降低。Apan et al. (2005)研究番茄受晚疫病危害后冠层光谱特征。Moshou et al.(2004)对健康小麦和受黄锈病胁迫小麦进行分类，分类结果在 95%～99%。Dawson et al. (1999)研究了森林叶片生化含量在冠层上的光谱响应。Kuusk et al.(1991)研究了冠层反射模型，并且运用大麦、三叶草红光和近红外波段的冠层光谱特征，验证冠层反射模型。Broge and Mortensen (2002)利用植被指数估测冠层的叶绿素密度。Li et al. (1993)利用冠层二阶微分反射率监测不同土壤背景下的草原植被。

国内学者对植被冠层病害的研究主要集中在农作物上。对水稻冠层光谱反射率的研究有：吴曙雯等(2002)对水稻稻叶瘟的冠层光谱反射率的研究，李云梅等(2003b)结合椭圆分布函数模型、PROSPECT 模型和 FCR 模型反演了水稻冠层垂直光谱反射率。王福民等(2007)测定水稻冠层光谱反射率，依据 TM 红光波段和近红外波段的波段宽度进行扩展，得出 NDVI 估测水稻叶面积指数的最佳波段宽度为 15 nm。王福民等(2008)测定了水稻冠层光谱反射率，探求了不同传感器不同波段位置和宽度对不同生育期水稻植被指数 NDVI 的影响规律，结果表明，红光波段的位置和宽度，尤其是红谷极值（670nm 附近），对 NDVI 有较大影响。

对棉花冠层光谱反射率的研究有：王秀珍等（2004）研究了棉花冠层、完全展开倒 3 叶不同时期的光谱反射率以及叶绿素、类胡萝卜素含量，得出一阶微分、二阶微分与农学参数（红边参数、叶面积指数、鲜叶质量、干叶质量和叶绿素含量）显著相关。乔红波等（2007）研究不同抗病性品种在接菌后棉苗的冠层光谱特性，对枯萎病抗性越强，则其在近红外区的反射率越大，而感病品种光谱反射率则很小。陈兵等（2010）研究了棉花黄萎病冠层光谱特征，利用 806nm 冠层光谱反射率与严重度，建立回归模型，为大面积监测棉花黄萎病提供参考。

对玉米和小麦冠层光谱反射率的研究有：唐延林等（2004）对玉米冠层与叶绿素、类胡萝卜素含量的关系进行了研究。利用光谱仪和叶绿素计测定了不同供氮水平下大麦冠层光谱反射率和叶片绿度，得出大麦冠层光谱以及其一阶微分光谱和红边、叶片绿度值与不同供氮水平显著相关（唐延林等，2003a）。蒋金豹等（2007；2010a）研究了冬小麦条锈病冠层叶片色素含量与光谱反射率的相关关系，结果 SDg（绿边内一阶微分总和）和 SDr（红边内一阶微分总和）的归一化值变量的线性模型为色素含量的最佳估测模型。

1.2.2.3　植被病害航空和卫星遥感影像监测

Malthus and Madeira（1993）用高分辨率遥感分析大豆受蚕豆斑点葡萄孢感染后的反射光谱，结果认为其一阶微分反射率比原始反射率要高，可以监测病虫害的感染情况。Zhang et al.（2001；2003；2004；2005）研究了番茄晚疫病。Kobayashi et al.（2001）研究了稻穗瘟的严重度，利用机载多光谱扫描仪对稻穗瘟进行探测，运用绿光和红光的波段比值反演稻穗瘟的严重度。Muhammed et al.（2005）利用特殊算法对高光谱反射率数据进行归一化处理并分类，能够区分受病害危害的植被和健康作物。Liu et al.（2006）利用航空 ADAR 影像研究了橡树的疫霉病。Huang et al.（2007）通过机载高光谱影像，利用植被指数 PRI（Photochemical reflectance index）对小麦黄锈病进行识别。Qin and Zhang（2005）通过多光谱高空间分辨率 ASAR 遥感数据，利用植被指数对水稻纹枯病进行监测。Qin et al.（2009）利用高光谱影像 450～930nm，运用 SID（spectral information divergence）光谱信息分类模型，对柑橘溃疡病进行监测。Shafri and Hamdan（2009）利用高光谱影像对病害胁迫的油棕树进行监测。Chen et al.（2007）利用 Landsat TM 影像提取归一化植被指数，运用主成分分析，对小麦白穗病进行识别。Apan et al.（2004）从 EO-1 高光谱遥感影像，利用植被指数识别甘蔗叶锈病。

乔红波等（2006）研究了地面高光谱和低空遥感监测小麦白粉病的光谱特征，

就地面测量结果而言，近红外波段的相关性比较高，低空遥感数字图像中红波段的相关性比较高。乔红波等(2009)研究了小麦全蚀的高光谱特征和由 TM 影像提取的归一化植被指数(NDVI)，全蚀病发病期健康麦田 NDVI 值高于发病麦田。曹卫彬等(2004)利用 TM 影像对棉花进行识别。刘良云和黄木易等(2004)利用高光谱航空 PHI 影像对冬小麦条锈病进行监测。陈兵等(2011)利用 TM 影像光谱指数对棉花病害严重度进行识别。

国外对植被病害的航空和卫星影像的监测研究比较早，主要采用高光谱和高空间分辨率影像，利用植被指数对病害进行识别。其中 Liu et al. (2006)利用 SVM 方法对橡树疫霉病进行监测，利用了多时相影像交叉验证，引起了学者们的关注(宫鹏，2009)，对病害的监测从固定时间段单景影像向多时间段的多景影像扩展。不再仅仅局限于高空间分辨率的空间性，利用时间维的上下文关系对病害进行了研究。国内起步比较晚，近期采用了国内中国科学院上海物理所研制的 PHI 成像光谱仪对冬小麦条锈病进行监测。刘良云等(2004)对比了 3 个生育期的健康冬小麦与条锈病的 PHI 高光谱图像数据，分析了冬小麦条锈病的光谱特征，对冬小麦条锈病进行了监测。

1.2.3　加工番茄病害遥感监测研究进展

Zhang et al. (2003)利用高光谱影像 AVIRIS 研究了番茄晚疫病，提取不同病害等级，得出 3、4 级病害可以很好地从健康番茄中识别出来。Zhang and Qin (2004)利用非成像光谱仪，研究了番茄晚疫病的光谱特征，采用地面大田数据训练，用高光谱影像 AVIRIS 进行验证，得出 1、3 和 4 级病害的识别率比较高。Apan et al. (2005)利用便携式光谱仪，通过 PLS 法，研究了番茄早疫病和被瓢虫为害茄子的光谱特征，番茄早疫病的敏感波段为 690～720 nm 和 735～1 142 nm，被瓢虫为害茄子的敏感波段为 694～716 nm、732～829 nm 和 1 590～1 766 nm。Zhang et al. (2005) 利用遥感影像 ADAR 研究了加利福尼亚州番茄晚疫病，通过植被指数对 5 级病害进行识别，效果比较好。Wang et al. (2008)利用 AVIRIS 高光谱影像，通过人工神经网络研究了番茄晚疫病，选择了 3-25-9-1 的 BP 网络，对大田试验数据和遥感影像分别进行训练和预测，观察值和预测值的相关系数分别为 0.99 和 0.82，但交叉验证的观察值和预测值分别为 0.62 和 0.66。因此，BP 神经网络对大田的光谱数据更有效。Jones et al. (2010)研究了番茄细菌性斑点病单叶的光谱特征，利用了逐步回归和 PLS 法，其中由 748 nm、395 nm、1 024 nm、633 nm、635 nm 组成的多元逐步回归模型效果最好，R^2 为 0.82，均方根差 RMSD 为 4.9%。

国外对番茄病害遥感监测的研究中，主要采取了两种思路：①通过便携式非成像光谱仪获取病害的光谱反射率，寻找病害的敏感光谱，用高光谱影像对敏感光谱进行验证，实现病害识别。②通过高光谱影像的图谱特征，利用高光谱分类方法和神经网络对病害进行识别。研究过程中缺乏系统地从叶片、冠层、田间3个水平对病害光谱反射率进行研究，同时缺乏从光谱特征参数的角度分析病害的光谱特征。国内对番茄病害遥感监测的研究比较少。

1.2.4 研究评述

1. 从植被病害遥感监测的研究对象上

国外的研究主要集中在森林和树木，国内的研究主要集中在粮食作物。对番茄的研究国外主要是从卫星影像上进行了研究，利用AVIRIS高光谱影像对番茄病害进行识别和估测，而国内对番茄的研究比较少。

2. 从植被病害遥感监测的研究方法上

利用植被指数、光谱位置参数等，寻找与病害严重度强相关的光谱变量，运用统计学中的主成分分析、判别分析、决策树和神经网络等对病害进行识别。运用一元线性回归、多元线性回归、PLS法和神经网络对病害进行估测。利用SVM对病害进行识别和估测的研究比较少。

3. 从植被病害遥感监测的研究思路上

国外主要集中在航空高光谱AVIRIS影像，国内主要集中在叶片以及叶片色素含量、氮素含量上，以冠层、航空和卫星影像为辅。主要是因为叶片不受大气、地形、土壤背景等因素的影响，但叶片监测的普适性比较差，同时缺少实时性。叶片和冠层光谱分析是理解航空和卫星影像监测的基础，开展遥感影像的病害研究更具有实用性。

1.3 研究目的、研究内容和课题来源

1.3.1 研究目的

本研究利用遥感技术，对新疆加工番茄种植中常见的早疫病、细菌性斑点病和白粉病展开光谱分析，通过测定加工番茄三种病害叶片、冠层光谱数据，结合卫星遥感数据，分析光谱与病害严重度的关系，对叶片病害等级进行识别，建立冠层多波段病害诊断模型，探索了卫星遥感影像辨别小面积病害的方法，从而，从不同遥感水平为加工番茄病害诊断提供理论依据，实现加工番茄病害遥感监测。

1.3.2 研究内容

1.加工番茄叶片主要病害监测

包括叶片光谱特征分析,病害严重度识别以及色素含量估测。叶片病害监测具有非破坏性,叶片病害光谱特征为病害识别和估测提供了理论基础。叶片受到病害胁迫后,外部形态(如病斑、枯萎、色变等)和内部生理(如氮素、叶绿素、水分等)都发生了变化,影响光合作用和养分水分的运输、转化、吸收等功能,导致作物的光谱响应发生变化。寻找叶片的敏感光谱,通过敏感光谱对病害严重度进行识别。色素含量是影响光谱响应变化的主要原因之一,间接地通过光谱估测色素含量,可以进一步理解遥感病害监测的机理。

2.加工番茄冠层主要病害监测

包括冠层光谱特征分析,病害严重度估测。冠层病害监测反映的是病害群体变化趋势,但是冠层受外界条件如土壤、背景、天气等的影响。通过对冠层光谱反射率的分析,寻找病害冠层的敏感光谱和变化规律,从而对病害严重度进行估测,可以为卫星影像监测提供理论依据。

3.加工番茄主要病害卫星遥感影像监测

包括病害图像光谱特征分析、病害防治区识别。

利用环境与灾害监测预报小卫星星座 A、B 卫星(HJ-1A、B)的影像,定点、定位、定时地对病害进行调查。由影像的病害图谱特征,分析正常与防治加工番茄的异同,寻找最佳的波段组合,对病害严重度进行识别。

1.3.3 课题来源

本研究获得国家“十一五”科技支撑计划项目(干旱半干旱区土壤农药污染控制关键技术研究与示范)(2007BAC20B04)及国家自然科学基金项目(滴灌条件下枯草芽孢杆菌 S44 防治加工番茄根腐病防病机理研究)(30800733)的资金支持,中国科学院新疆生态与地理研究所为本研究提供遥感影像。

1.4 研究思路与技术路线

研究将以叶片、冠层、田间三个水平,通过相关分析和光谱特征参数提取,寻找加工番茄病害的敏感光谱,利用 SVM、GA、Gram-Schmidt 和 PLS 对加工番茄病害严重度进行识别和估测,实现加工番茄病害的监测。具体路线图见图 1.1。

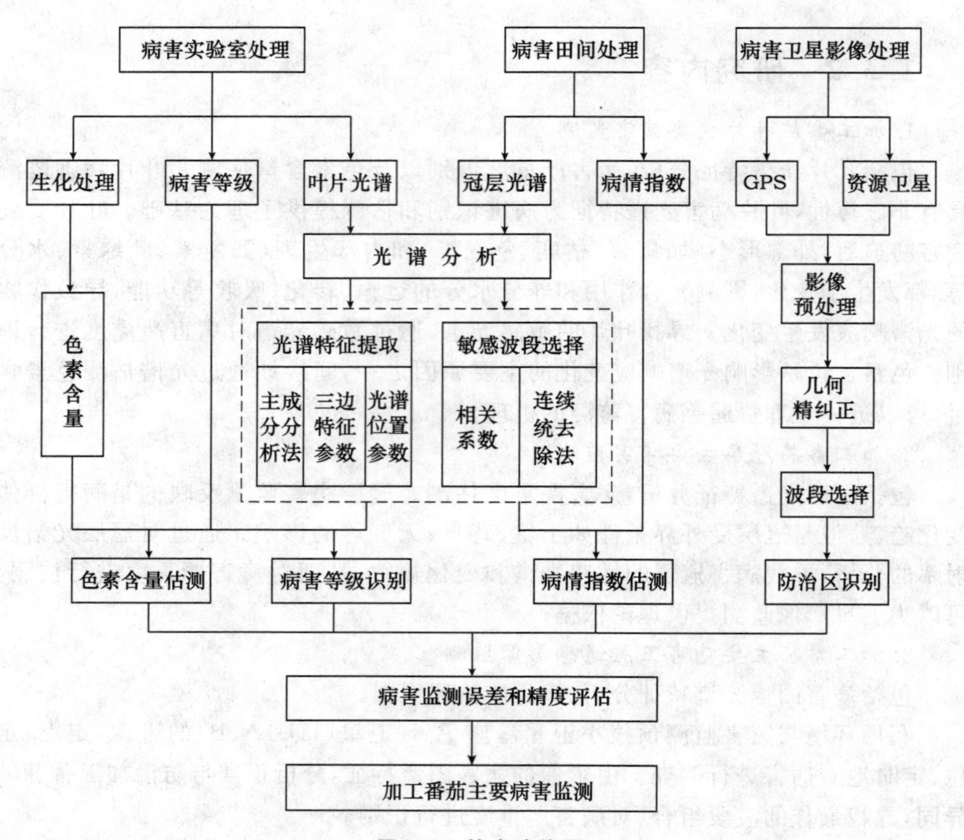

图 1.1 技术路线图

加工番茄叶片病害识别与估测，是实验室处理，通过病害等级反映病害严重度，获取不同病害等级的叶片光谱反射率，通过相关分析对叶片光谱数据进行敏感光谱选择，利用 GA 和 SVM 对病害等级进行识别，实现叶片病害严重度监测。对叶片进行生化处理，获得病叶的叶绿素总量、叶绿素 a、叶绿素 b 和类胡萝卜素含量，提取色素含量的光谱特征参数，实现色素含量的 PLS 估测。

加工番茄冠层病害估测，是田间处理，通过病情指数(DI)反映病害严重度，实测冠层光谱反射率，对光谱反射率进行一阶、二阶和反对数变换，目的是限制随机噪声水平，消除大气、地形、土壤、水分等背景的影响，利用相关分析对冠层光谱变换数据进行敏感光谱选择，对 DI 进行 PLS 估测，实现冠层病害严重度监测。

加工番茄病害卫星遥感影像识别，对 HJ-1-A、B 卫星的 CCD 遥感影像进行预处理，通过 DI 的平均值反映 CCD 影像像元的病害严重度，DI 平均值小于 20 为正常区,大于等于20为防治区。首先,对CCD影像进行辐射定标和大气校正,获取CCD影像的地表反射率图像,然后,对叶片和冠层选择通过检验的卫星波段。测定GPS点30 m×30 m内DI平均值,通过比值植被指数(Ratio Vegetation Index,简称RVI)、归一化植被指数(Normalized Difference Vegetation Index,简称NDVI)和差值植被指数(Difference Vegetation Index,简称DVI),利用GA-SVM对病害防治区进行识别,实现CCD影像对病害防治区的监测。

第 2 章　资料与数据

新疆地处欧亚大陆中部，属于典型的干旱半干旱地区，太阳辐射大，光照充足，昼夜温差大，夏季干旱少雨，这些独特的自然生态条件，非常适合加工番茄的种植和生长，是世界少数适宜加工番茄种植的地区之一。新疆北疆地区加工番茄种植区集中在天山北坡经济带中部地区（昌吉、呼图壁、玛纳斯、石河子、沙湾五市县）（祝宏辉等，2007），如图 2.1 所示。种植方式采用无支架种植。

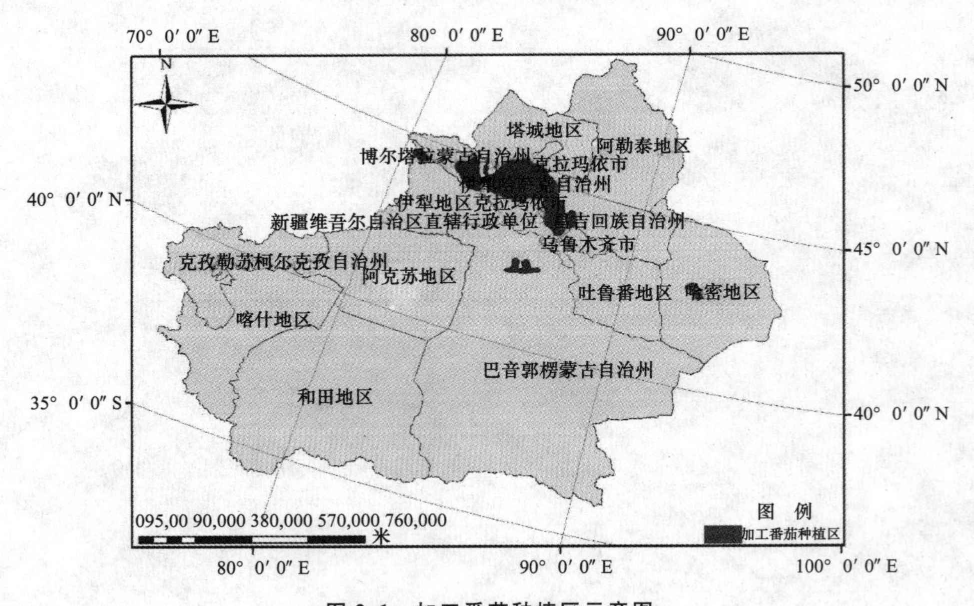

图 2.1　加工番茄种植区示意图

加工番茄生成发育主要受温度、光照、水分、营养和气体等环境因素的影响。加工番茄是喜光作物，整个生育时期需要较强的光照。新疆因日照充足，加工番茄产量较高，在加工番茄生长过程中，其一天的净光合速率日变化曲线均呈明显的双峰型。当加工番茄健康时，叶绿体作为“源”合成光合产物，运输到叶片，这时光合产物运输畅通，光合作用正常旺盛进行，单叶的光合能力比较强。加工番茄和其他作物一样，植株和果实的 90％～95％是靠光合作用形成的，维持生命活动的光合作用和呼吸作用是在阳光和水的参与下 CO_2 和 O_2 的互换结果。当加工番茄受病害胁迫后，根、茎、叶内部组织被破坏，影响 CO_2 和 O_2 的互换，降低了光合作用和呼吸作用的能力，阻碍其生长发育。

加工番茄的生长发育周期为发芽期、幼苗期、开花坐果期和结果期。发芽期是种子发芽至第一片真叶出现，此阶段主要是子叶进行光合作用。幼苗期是从第一真叶出现到出现花蕾这一期间。开花坐果期是从花蕾出现到第一穗果坐果，果实达核桃大小，进入迅速膨大期之前。结果期是从第一穗果进入迅速膨大期，到收获结束。是果实膨大到成熟的过程。

2.1　加工番茄主要病害与试验品种

2.1.1　主要病害

1. 加工番茄早疫病

加工番茄早疫病，又称轮纹病，是新疆加工番茄重要病害之一，在新疆的加工番茄种植区经常发生。一般在 6 月下旬或 7 月初开始发病，2003 年调查平均发病率在 32.37％，2009 年调查平均发病率在 52.3％，个别品种发病率达到 100％。严重者，下部老叶干枯脱落，造成植株早衰与减产，为防治该病经常需要及时喷洒各种杀真菌的化学农药。

症状：叶部发病从下部叶片开始，慢慢向上发展，开始叶片上出现水渍状褐色小点，后来为不断扩展的轮纹斑，边缘呈现浅绿色或黄色晕环，中部表现为同心轮纹，潮湿时病斑上出现黑色霉状物（分生孢子梗及分生孢子），发病严重时，病斑可相互连接，造成叶枯，重病株下部叶片全枯死脱落。茎部普遍在分枝处发病，病斑稍下陷，椭圆形，灰褐色，轮纹不明显。叶柄受害，出现椭圆形轮纹斑，深褐色至黑色。

2. 加工番茄细菌性斑点病

自 1933 年有该病的报道以来，在美国、前苏联、意大利、南非、印度、澳大利亚、新西兰和巴西等国都有发生，危害遍及各大洲。1998－1999 年吉林省长春市郊区的番茄大棚内发现番茄细菌性斑点病，1999 年在黑龙江和辽宁的番茄产区以及甘肃、山西等地有些番茄品种上也发现有细菌性斑点病的发生。2000 年、2003 年和 2009 年因春季低温，降水较多，细菌性斑点病在新疆北疆地区严重发生，许多品种发病率达到 60％以上，果实上产生大量病斑，该病已成为加工番茄种植过程中的一个主要病害，为防治该病，需要喷洒化学杀细菌的药剂或者农用抗生素。

症状：叶片染病，产生深褐色至黑色斑点，直径0.3～0.6 mm，病斑四周常具有黄色晕圈。叶部病斑通常在边缘比较密集，引起大面积的边缘坏死（组织死亡）。叶柄和茎染病，产生黑色病斑。未成熟果实染病，起初出现隆起小斑点，大小从很小的斑点到直径3 mm不等，在成熟的果实上引起黑色突起病斑。

3.加工番茄白粉病

2002年在博湖县加工番茄种植地发现白粉病，2003年在昌吉、沙湾、玛纳斯、博湖、和静、焉耆等地都有发生，个别地区发病严重。2009年在伊犁的加工番茄种植区发生较为严重，对产品的质量和产量有一定影响。

症状：初期在叶片呈现褪绿色小点，逐渐扩大后呈不规则粉斑，叶片上有白色絮状物，即菌丝和分生孢子及分生孢子梗。初期霉层比较稀疏，之后渐稠密呈毡状，最终病斑扩大连片并覆满整个叶面，危害严重时使叶片死亡，导致果实的日灼并使植株变弱。

2.1.2 试验品种

1.里格尔87-5

“里格尔87-5”是石河子蔬菜研究所选育品种。该品种在新疆各地及甘肃、内蒙古、东北等一些省（市和自治区）大面积推广，创造了巨大的经济效益。本研究所用种子购买于石河子天园农业科技有限公司。“里格尔87-5”属于矮封顶早熟类型，株型紧凑，株高约53 cm。植株生长势较弱，分枝性较强，普通花叶，叶色深绿，单花序，排果封顶。果实深红色，长圆形，果型整齐。果实高度抗裂，耐贮运性强，采收后在常温下存放6～7 d不腐烂。番茄红素含量为15.35 mg/100 g，可溶性固型物5.51%，总糖2.54%，酸度0.2%，对番茄疫病、病毒病和枯萎病有较强抗性。

2.石番28

“石番28”是石河子蔬菜研究所选育品种。自封顶有限生长类型，植株平均高度72 cm，主茎果穗4～5个，5～6分枝，株型紧凑，生长势较弱。平均单株坐果77个，单果重70 g，果实椭圆形，果实大小均匀，平均果肉厚0.8 cm，具2～3心室，可溶性固形物含量4.5%，番红素16.0 mg/100 g，果实耐压性好，抗病性强。“石番28”属于早熟品种，生育天数为85 d。前期产量占总产的35%左右，成熟集中。

3. 屯河8号

“屯河8号”是中粮屯河公司选育品种。“屯河8号”自封顶有限生长类型，植株平均高度70 cm左右，生长势强，主秆着生3～4穗花后封顶，叶色深绿，叶片有缺刻，果实长圆形，鲜红色，着色均匀一致。平均单果重85 g左右，可溶性固形物含量5.0%～5.4%，茄红素含量13.6 mg/100 g，果实抗裂、耐压、耐贮运，抗逆性强，综合抗病性好，较抗早疫病、细菌性斑点病和病毒病。该品种属早熟品种，成熟期94 d左右，可作为早熟育苗移栽或直播品种栽培。

2.2 研究区与数据获取

2.2.1 研究区

本研究试验分别在石河子大学农学院试验站和农八师143团10连进行，石河子大学试验站主要进行不同病害严重度小区试验，农八师143团10连主要开展与卫星同步冠层试验，如图2.2所示。在试验站和大田都开展了加工番茄叶片和冠层光谱测定，同步测定相应叶片的色素含量，应用于叶片色素含量的估测；同时利用冠层光谱和卫星影像资料，进行加工番茄病害严重度遥感估测模型研究。

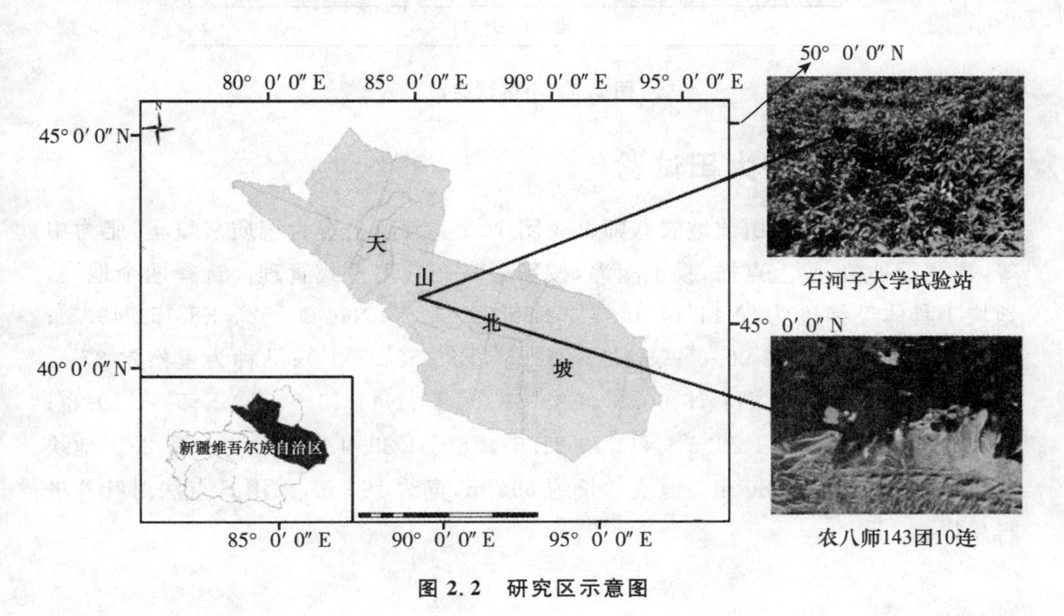

图2.2 研究区示意图

2.2.2 小区试验设计

小区试验设在石河子大学试验站,北纬44°18′N,东经88°03′E,海拔403 m,年均降雨量180~270 mm,年均蒸发量1 000~1 500 mm,年均气温为7~8℃,一月平均－15℃,七月平均气温25~26℃。土壤为壤质灰漠土,有机质含量19.2 g/kg、速效钾313 mg/kg、碱解氮77.3 mg/kg、速效磷92 mg/kg。试验设置了8个重复,长约16 m,宽约36 m。品种为屯河8号,采用网格法采样,分布如图2.3所示。

<table>
<tr><td colspan="3">北边保护行</td></tr>
<tr><td rowspan="8">西边保护行</td><td>1</td><td rowspan="8">东边保护行</td></tr>
<tr><td>2</td></tr>
<tr><td>3</td></tr>
<tr><td>4</td></tr>
<tr><td>5</td></tr>
<tr><td>6</td></tr>
<tr><td>7</td></tr>
<tr><td>8</td></tr>
<tr><td colspan="3">南边保护行</td></tr>
</table>

图2.3 小区试验田

2.2.3 野外大田试验

大田试验设在天山北坡农八师143团10连,大田土壤为壤质灰漠土,肥力中等,覆宽膜种植,膜上点播,膜下滴灌,按新疆高产栽培模式管理。选择两个地块,地块1具体经纬度为(N44°14′46.7″,E85°52′17.5″;N44°14′52″,E85°51′49.5″;N44°15′14.3″,E85°52′00.6″;N44°15′06.05″,E85°52′27.1″);品种为里格尔87-5。地块2的经纬度为(N44°16′00.3″,E85°51′31.5″;N44°16′04.4″,E85°51′19.8″;N44°16′28.7″,E85°51′29.6″;N44°16′21.6″,E85°51′39.9″),品种为石番28。地块1长约690 m,宽约180 m。地块2长约695 m,宽约190 m,采用S点法对叶片进行采样。

2.2.4　数据获取

加工番茄自然发病后，每隔 4～6 d，进行叶片采样，获取叶片的光谱反射率和对应的色素含量，见表 2.1 和表 2.2。定期对冠层进行测量，见表 2.3。

表 2.1　单叶数据获取样本数

病害	日期	品种	0 级	1 级	2 级	3 级	4 级
早疫病	2010-07-20	里格尔 87-5	10	9	10	10	10
	2010-08-02	石番 28	51	130	118	138	40
	2010-08-12	里格尔 87－5	25	65	40	50	21
细菌性斑点病	2010-08-02	石番 28	10	30	40	10	10
	2010-08-04	里格尔 87-5	30	112	101	40	10
	2010-08-06	石番 28	30	57	90	30	40
	2010-08-12	里格尔 87-5	20	45	30	50	30
白粉病	2010-08-08	屯河 8 号	34	50	131	91	35

表 2.2　色素含量数据获取样本数

病害	日期	品种	0 级	1 级	2 级	3 级	4 级
早疫病	2010-07-20	里格尔 87-5	1	1	1	1	1
	2010-08-02	石番 28	5	13	12	12	4
	2010-08-12	里格尔 87-5	3	7	4	5	2
细菌性斑点病	2010-08-02	石番 28	1	3	4	4	1
	2010-08-04	里格尔 87-5	3	12	10	4	1
	2010-08-06	石番 28	3	6	9	3	4
	2010-08-12	里格尔 87-5	2	5	3	5	3
白粉病	2010-08-08	屯河 8 号	3	5	13	9	4

表 2.3 冠层数据获取样本数

病害	日期	品种	样本数
早疫病	2010-07-21	里格尔 87-5	41
	2010-08-02	石番 28	32
	2010-08-12	里格尔 87-5	35
	2010-08-18	石番 28	27
细菌性斑点病	2010-07-20	里格尔 87-5	20
	2010-08-02	里格尔 87-5、石番 28	40
	2010-08-06	里格尔 87-5	30
	2010-08-10	石番 28	34
	2010-08-16	里格尔 87-5	34
白粉病	2010-08-10	屯河 8 号	178

同步获取加工番茄大田研究区 HJ-1-A、B 卫星 CCD 影像，以及几何校正的 GPS 点坐标。6 景 HJ-1-A、B 卫星 CCD 影像的参数见表 2.4。

表 2.4 HJ-1-A、B 卫星遥感影像数据

卫星	轨道号	影像时间	过境时间
HJ-1-A	40—60	2010-08-05	11:55
HJ-1-A	42—60	2010-08-16	11:31
HJ-1-A	44—60	2010-08-23	13:04
HJ-1-B	41—60	2010-08-04	14:09
HJ-1-B	42—60	2010-08-12	14:14
HJ-1-B	44—60	2010-08-20	14:16

2.3 试验设计

2.3.1 光谱测量

采用美国 ASD Field Spec Pro FR2500 便携式光谱仪与 ASD Leaf Clip 测试

夹耦合测定。ASD Leaf Clip 测试夹本身带有模拟光源，可在密闭环境下测定，操作比较稳定，测量误差相对较小。Pro FR 2500 便携式光谱仪共有 512 个光谱波段，波段范围为 350～2 500 nm，波段宽（采用间隔），在 350～1 000 nm 范围为 1.4 nm；在 1 000～2 500 nm 范围为 2 nm。光谱分辨率在 350～1 000 nm 为 3 nm，在 1 000～2 500 nm 为 10 nm。

分别对每个样本叶片的中上部、右基部和左基部各测 2 次。每次测量 2 条光谱曲线，每条光谱曲线扫描时间间隔为 0.2 s，取六条曲线的平均值，作为该叶片的光谱反射率值。冠层光谱数据测量，在北京时间 11:00～14:00，选择晴朗无云的天气。测量前，首先进行光谱仪优化，通过白板标定，自动去除暗电流的影响，然后测定加工番茄病害冠层光谱反射率，探头垂直于冠层，距离冠顶 0.4 m（视场直径约 0.2 m，小于病害范围），每个样点测量 10 次，每次测定 2 条光谱曲线，每次光谱曲线扫描时间间隔为 0.2 s，取平均值作为该加工番茄样点冠层的光谱反射率。冠层光谱测量示意如图 2.4 所示。

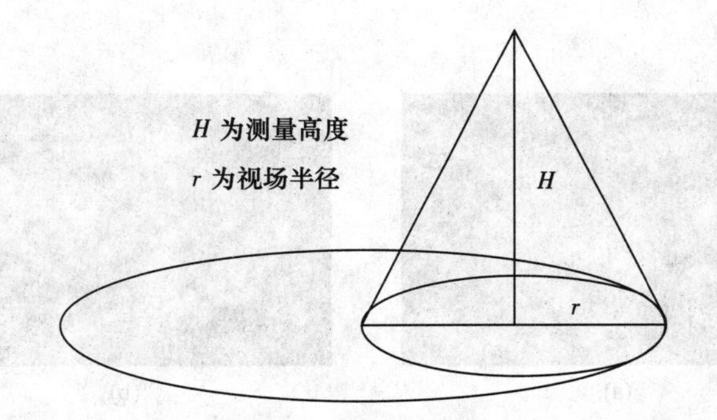

图 2.4　冠层光谱测量示意图

2.3.2　色素含量测定

色素含量测定：同一等级的 10 片叶片为一组，采用直径 1 cm 圆形打孔器提取每组叶片的上部、左基部和右基部约 0.2 g，用日本 Shimadzu 公司生产的紫外-可见光分光光度计 UV2550，比色 95% 乙醇浸泡的加工番茄病叶溶液，测定 Chl. a、Chl. b、Cars、Chl. a+b（叶绿素 a、叶绿素 b、类葫芦卜素、叶绿素总量）在 665 nm、649 nm 和 470 nm 的吸光度，按式（2.1）至式（2.4）计算它们的浓度，再按式（2.5）计算其含量。

$$C_a = 13.95A_{665} - 6.88A_{649} \quad (2.1)$$

$$C_b = 24.96A_{649} - 7.32A_{665} \quad (2.2)$$

$$C_x = (1\,000A_{470} - 2.05C_a - 114.8C_b)/245 \quad (2.3)$$

$$C_T = C_a + C_b \quad (2.4)$$

$$色素含量 = (色素浓度 \times 提取液体积 \times 稀释倍数)/样品鲜重 \quad (2.5)$$

式中，C_a、C_b、C_x、C_T 分别为 Chl. a、Chl. b、Cars、Chl. a+b 的浓度，A_{665}、A_{649}、A_{470} 分别为叶绿素溶液在波长 665 nm、649 nm、470 nm 时的吸光度。

2.3.3 叶片病害等级分级

从加工番茄自然得病开始每隔 3～7 d 在试验田小区内和大田中分别采用网格法和 S 法进行采样。单叶病害等级按照受害面积百分比 0%、0%～10%、10%～30%、30%～50%、>50%，分别分为 0 级、1 级、2 级、3 级、4 级，0 级为健康叶片。单叶早疫病、细菌性斑点病、白粉病病害 1 级、2 级、3 级、4 级病害，如图 2.5 至图 2.7 所示。

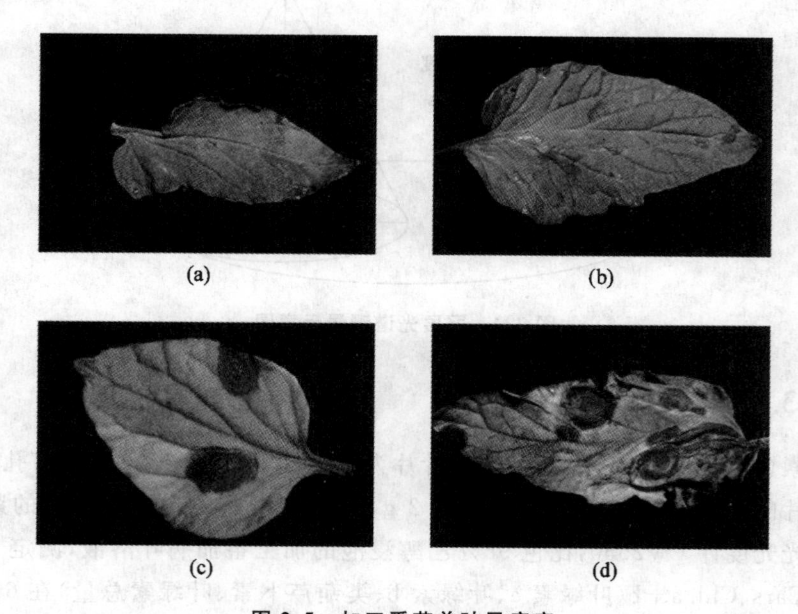

图 2.5 加工番茄单叶早疫病

(a)1 级 (b)2 级 (c)3 级 (d)4 级

图 2.6　加工番茄单叶细菌性斑点病

(a)1 级　(b)2 级　(c)3 级　(d)4 级

图 2.7　加工番茄单叶白粉病

(a)1 级　(b)2 级　(c)3 级　(d)4 级

2.3.4 冠层病情指数测算

加工番茄冠层如图 2.8 所示，冠层病情指数测算是在直径为 0.2 m 的冠层内统计各病害等级的加工番茄叶片数，计算公式如下(董金臬，2001)：

$$病情指数=\sum(病级数\times该病级叶数)/(调查总数\times最高病级值)\times 100 \quad (2.6)$$

图 2.8 加工番茄冠层病害

(a)早疫病 (b)白粉病

2.3.5 遥感病害测算

为了和卫星同步，利用 GPS 定点测量，在大田设定固定点，每个点以 GPS 点为中心，以 15 m 为半径的正方形(CCD 影像的一个像元)，采用网格法，均匀设置 9 个点，测定冠层病情指数，并求其平均值，作为该 GPS 点对应的 DI，以 DI 等于 20 为界限，小于 20 为正常区，大于等于 20 为防治区。

第3章　加工番茄病害叶片光谱分析、识别与色素含量估测

与传统的地面实地调查病害的方法相比，叶片光谱法具有快速、简便、自动化程度高的特点。叶片高光谱分析是加工番茄病害光谱分析的基础，高光谱遥感数据，是指在350～2 500 nm的波长范围内其光谱分辨率一般小于10 nm（童庆禧，2006），光谱波段数一般为几十个或者几百个，甚至高达上千个。由于这些光谱波段一般在成像范围内都是连续成像。因此，可以获取加工番茄连续的、精细的叶片光谱曲线。通过光谱曲线的差异性，可以实现对病害的精细监测。

加工番茄不同病害，叶片的表现不同：早疫病的症状是叶片产生同心轮纹，上面布满黑色霉状物；细菌性斑点病的症状为叶片产生深褐色至黑色斑点，病斑周围具有黄色晕圈，在叶片边缘比较密集，引起大面积的边缘坏死；白粉病主要症状为叶片呈不规则粉斑，上生白色絮状物，即菌丝和分生孢子梗及分生孢子，初期霉层较稀疏，渐稠密后呈毡状，病斑扩大连片或覆满整个叶面。三种病害，在不同程度上破坏了叶绿素a和叶绿素b、叶片单位面积含水量、干物质含量和叶片内部结构，导致光谱响应也发生相应变化。

通过加工番茄病害光谱特征，可以对病害进行识别。识别的作用和目的就在于面对某一具体事物时，将其正确地归入某一类别（边肇祺，2000）。病害光谱识别的分类问题是根据病害光谱特征的观察值将其分到某个类别中去。本章主要是通过加工番茄病害的高光谱遥感数据，利用人工智能中的GA和SVM对病害进行识别，运用PLS法对加工番茄病害色素含量进行估测，帮助我们定量分析叶片内部结构变化的光谱特征响应，进一步加深对遥感机理的理解。

3.1　加工番茄病害叶片高光谱特征分析

3.1.1　植被叶片光谱特征

如图3.1所示，是健康植被叶片在400～2 500 nm的光谱反射曲线（赵英时，2003；浦瑞良，2000）。

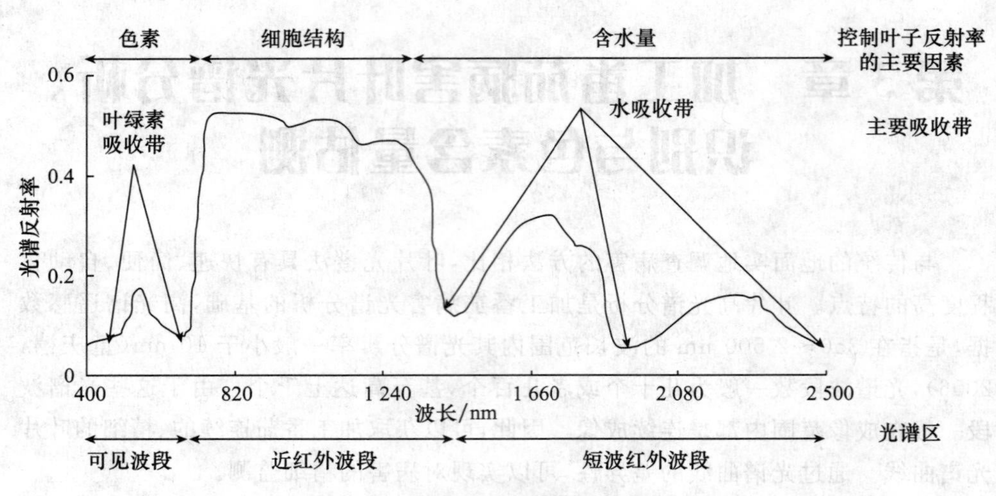

图 3.1 植被叶子的光谱反射率曲线

400～760 nm 为可见光波段，是色素含量的吸收带，叶绿素 a 在 430 nm 和 660 nm 表现为强吸收，叶绿素 b 在 460 nm 和 640 nm 表现为强吸收带。510～610 nm黄绿光波段，叶绿素吸收比较少，在 550 nm 波长附近是叶绿素的绿色强反射峰区。610～700 nm 红橙光波段，是叶绿素强吸收带，具有较强的光合效率，在 670 nm 附近，吸收达到最大，即反射率在 670 nm 处红光称为“红谷”。“红边”是指红光区外叶绿素吸收减少部位（＜700 nm）到近红外高反射肩（＞700 nm）之间，健康植被的光谱响应陡然增加的这一窄条带（赵英时，2003）。“红边”也有定义为 680～750 nm 反射光谱的一阶微分的最大值对应的光谱位置（波长）（浦瑞良，2000）。当绿色植被生长活力旺盛，叶绿素含量高时，“红边”向近红外方向偏移（即长波方向移动）；当植被由于感染病虫害或物候变化或污染而“失绿”时，则“红边”会向蓝光方向偏移（即蓝移）。

760～1 300 nm 为近红外波段，通常反射率在 0.4～0.5，主要是由于植被叶子内部组织结构多次反射散射的结果。色素和纤维素在近红外反射平台多次散射后最多 10％被吸收，叶片含水量在 970 nm 和 1 200 nm 附近有两个微弱的吸收特征，该波段主要取决于叶片内部的结构，即叶肉和细胞间空隙的相对厚度。当细胞层越多，光谱反射率越高；细胞成分、形状的各向异性及差异越明显，光谱反射率也越高。同时该波段的光谱反射率与叶片含水量具有显著的相关性。

1 300～2 500 nm 为短波红外波段，1 300 nm 以后的三个明显低谷：1 400、1 900和 2 700 nm 是由于叶片内部的液态水强烈吸收的结果。相应地称这些波长位置为水吸收波段。这些吸收波段间出现两个主要反射峰，位于 1 600 nm 和 2 200 nm 处，这是植被曲线所特有的光谱特征。

3.1.2　加工番茄健康叶片高光谱特征

图 3.2 为加工番茄整个生育期，里格尔 87-5、石番 28 和屯河 8 号健康叶片光谱反射率曲线。总体上在可见光波段，里格尔 87-5、屯河 8 号、石番 28 光谱反射率从高到低排列，说明健康叶片内的叶绿素含量从低到高排序；在近红外波段，由于加工番茄叶片内部组织结构大致相同，光谱反射率都比较高，在短波红外波段，屯河 8 号的光谱反射率明显高于里格尔 87-5 和石番 28，表明屯河 8 号叶片单位面积含水量低于里格尔 87-5 和石番 28。

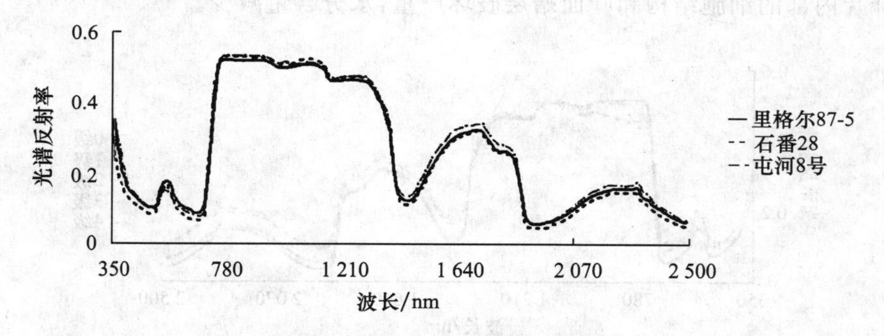

图 3.2　健康叶片光谱反射率曲线

图 3.3 为加工番茄健康叶片 400～700 nm 光谱特征曲线，图 3.3 中主要是“绿峰”（550 nm 附近）和“红谷”（670 nm 附近）两个光谱变量。由图 3.3 可知，“绿峰”值由高到低依次排列为里格尔 87-5、石番 28 和屯河 8 号。“红谷”值由高到低为里格尔 87-5、屯河 8 号和石番 28。说明加工番茄不同品种对绿光和红光的响应程度不同，里格尔 87-5 对绿光反射作用强，石番 28 对红光的吸收作用强。

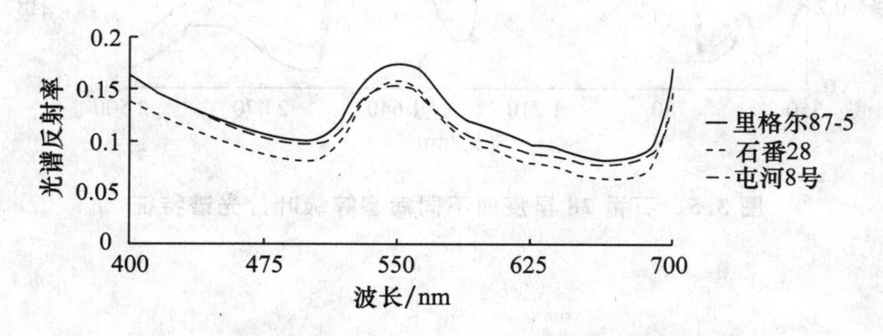

图 3.3　健康叶片 400～700 nm 光谱反射率曲线

3.1.3 加工番茄病害叶片高光谱特征

1. 加工番茄早疫病叶片光谱特征

加工番茄病叶的光谱特征主要受叶绿素a和叶绿素b、叶片单位面积含水量、干物质含量和叶片内部结构四个主要因子的影响(Myers et al.,1969)。图3.4和图3.5分别为里格尔87-5和石番28早疫病不同病害等级加工番茄叶片光谱特征,在可见光波段,光谱反射率随着病害的加重,光谱反射率升高;在近红外反射平台,随着病害的加重,"红肩"的光谱反射率降低。在短波红外波段的三个水分吸收带,随着病害的加重,反射率升高。说明加工番茄随着病害的加重,叶绿素含量降低,叶片内部的细胞结构和叶面蜡层破坏严重,水分含量减少。

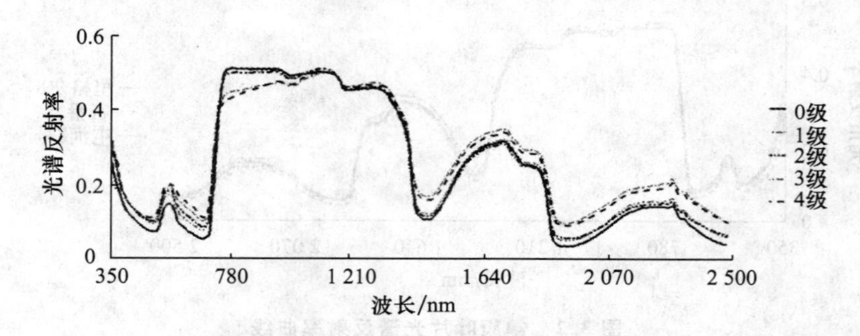

图3.4 里格尔87-5早疫病不同病害等级叶片光谱特征

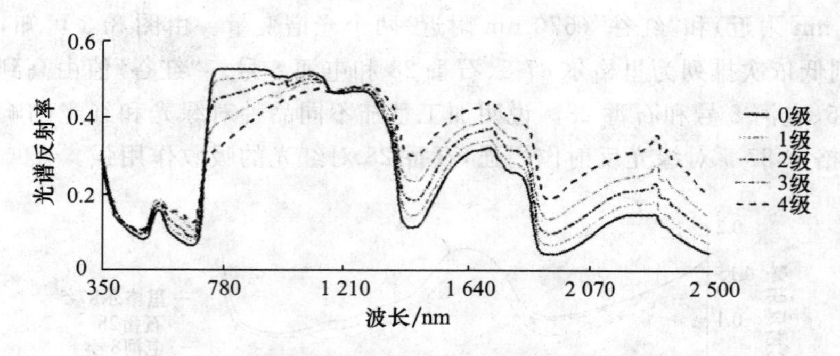

图3.5 石番28早疫病不同病害等级叶片光谱特征

2. 加工番茄细菌性斑点病叶片光谱特征

图 3.6 和图 3.7 是里格尔 87-5 和石番 28 细菌性斑点病的不同病害等级加工番茄叶片光谱特征曲线，与早疫病叶片光谱特征曲线的变化规律相同。在可见光波段，光谱反射率随着病害的加重，光谱反射率升高；在近红外反射平台，随着病害的加重，“红肩”光谱反射率降低。在短波红外波段的三个水分吸收带，随着病害的加重，反射率升高。但是，细菌性斑点病的 4 级病害光谱曲线呈现比较明显的差异。说明 4 级病叶的叶绿素降低程度、内部组织结构和内部所含物质种类数量的变化幅度和水分含量减少程度高于其他 3 个等级。这与 4 级细菌性斑点病病叶的枯萎、焦黄和老化的症状相对应。

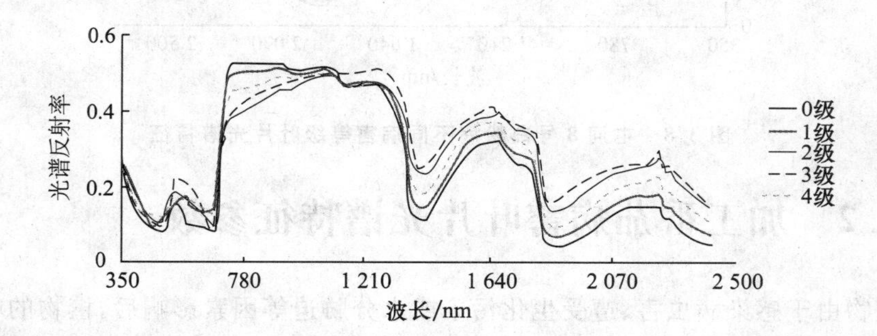

图 3.6　里格尔 87-5 细菌性斑点病不同病害等级叶片光谱特征

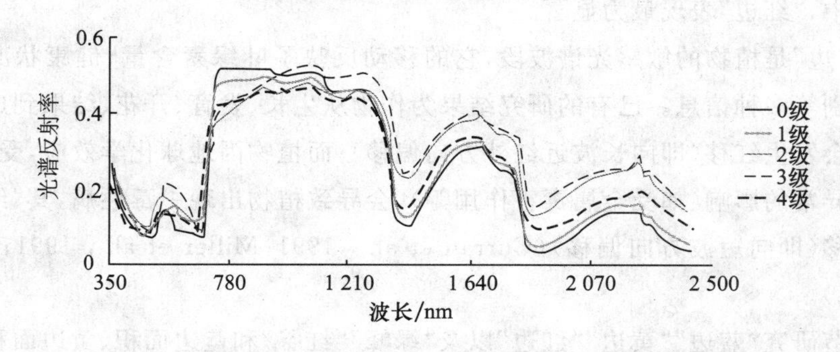

图 3.7　石番 28 细菌性斑点病不同病害等级叶片光谱特征

3. 加工番茄白粉病叶片光谱特征

图 3.8 为屯河 8 号白粉病不同病害等级加工番茄叶片光谱特征曲线图。在可见光波段，随着病害的加重，反射率升高；在近红外反射平台，随着病害的加重，反射率降低；这与早疫病和细菌性斑点病的变化规律相同。

但是，在短波红外的三个水分吸收带，4个等级病叶的光谱反射率值变化不显著。说明屯河8号白粉病，病叶的叶绿素含量降低，叶片细胞结构破坏，水分含量的减少不大。这与白粉病的表象一致，病叶呈现白色粉斑，上生白色絮状物，阻止了水分的蒸发和扩散。

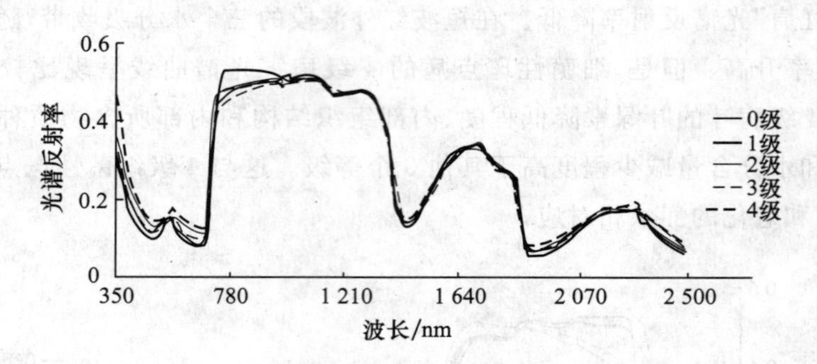

图3.8　屯河8号白粉病不同病害等级叶片光谱特征

3.2　加工番茄病害叶片光谱特征参数

植物由于感染病虫害、遭受生化污染或水分胁迫等因素影响后，植物的叶腔组织结构、水分含量和叶绿素含量会发生变化，从而导致叶片的光谱特征发生相应变化。其中，"红边"表现最为显著。

"红边"是植物的敏感光谱波段，它的移动反映了叶绿素含量、健康状况、物候期及类别等多种信息。已有的研究结果为作物从生长、发育、开花、结果到成熟期，其红边会发生红移（即向长波近红外方向偏移）；而植物因地球化学效应，受地球化学元素异常的影响（如受金属毒害作用等），会导致植物出现中毒性病，其"红边"则发生蓝移（即向短波方向偏移）（Curran et al.，1991；Miller et al.，1991；赵英时等，2003）。

本节研究"蓝边""黄边""红边"以及"绿峰""红谷"和蓝边面积、黄边面积、红边面积等参数在加工番茄受病害胁迫后的变化情况。

3.2.1　加工番茄病害叶片"三边"参数

光谱特征参数的具体定义表，如表3.1所示。

表 3.1 光谱特征参数定义表

	名称	定义	描述
光谱位置参数	D_b	蓝边内最大的一阶微分值	蓝边覆盖 490～530 nm，D_b 是蓝边内 35 个一阶微分波段中最大波段值
	λ_b	D_b 对应的波长	λ_b 是 D_b 对应的波长位置(nm)
	D_y	黄边内最大的一阶微分值	黄边覆盖 550～582 nm，D_y 是黄边内 28 个一阶微分波段中最大波段值
	λ_y	D_y 对应的波长	λ_y 是 D_y 对应的波长位置(nm)
	D_r	红边内最大的一阶微分值	红边覆盖 670～737 nm，D_r 是红边内 61 个一阶微分波段中最大波段值
	λ_r	D_r 对应的波长	λ_r 是 D_r 对应的波长位置(nm)
	R_g	绿峰反射率	R_g 是波长 510～560 nm 范围内最大的波段反射率
	λ_g	R_g 对应的波长	λ_g 是 R_g 对应的波长位置(nm)
	R_o	红谷反射率	R_o 是波长 640～680 nm 范围内最小的波段反射率
	λ_o	R_o 对应的波长	λ_o 是 R_o 对应的波长位置(nm)
光谱面积参数	SD_b	蓝边内一阶微分值的总和	蓝边波长范围内 35 个一阶微分波段值的总和
	SD_y	黄边内一阶微分值的总和	黄边波长范围内 28 个一阶微分波段值的总和
	SD_r	红边内一阶微分值的总和	红边波长范围内 61 个一阶微分波段值的总和

1. 加工番茄早疫病叶片“三边”参数

从图 3.9 中可以看出，里格尔 87-5 单叶早疫病“蓝边”曲线图中，0 级、1 级、2 级、3 级、4 级的波峰值分别为(525，3.912)、(521，3.930)、(521，3.750)、(521，3.452)、(521，2.385)，可以得出，曲线的波峰随着病情的加重而下降。“黄边”曲线图中，0 级、1 级、2 级、3 级、4 级的波谷值分别为(569，－2.526)、(570，－2.271)、(570，－1.884)、(571，－1.403)、(572，－0.831)，可以得出曲线的波谷随着病情的加重而上升。“红边”曲线图中，0 级、1 级、2 级、3 级、4 级的波峰分别为(708，11.816)、(701，9.953)、(698，8.979)、(696，7.941)、(695，6.372)，可以得出曲线的波峰随着病情的加重而降低，“红边”发生蓝移 13 nm。

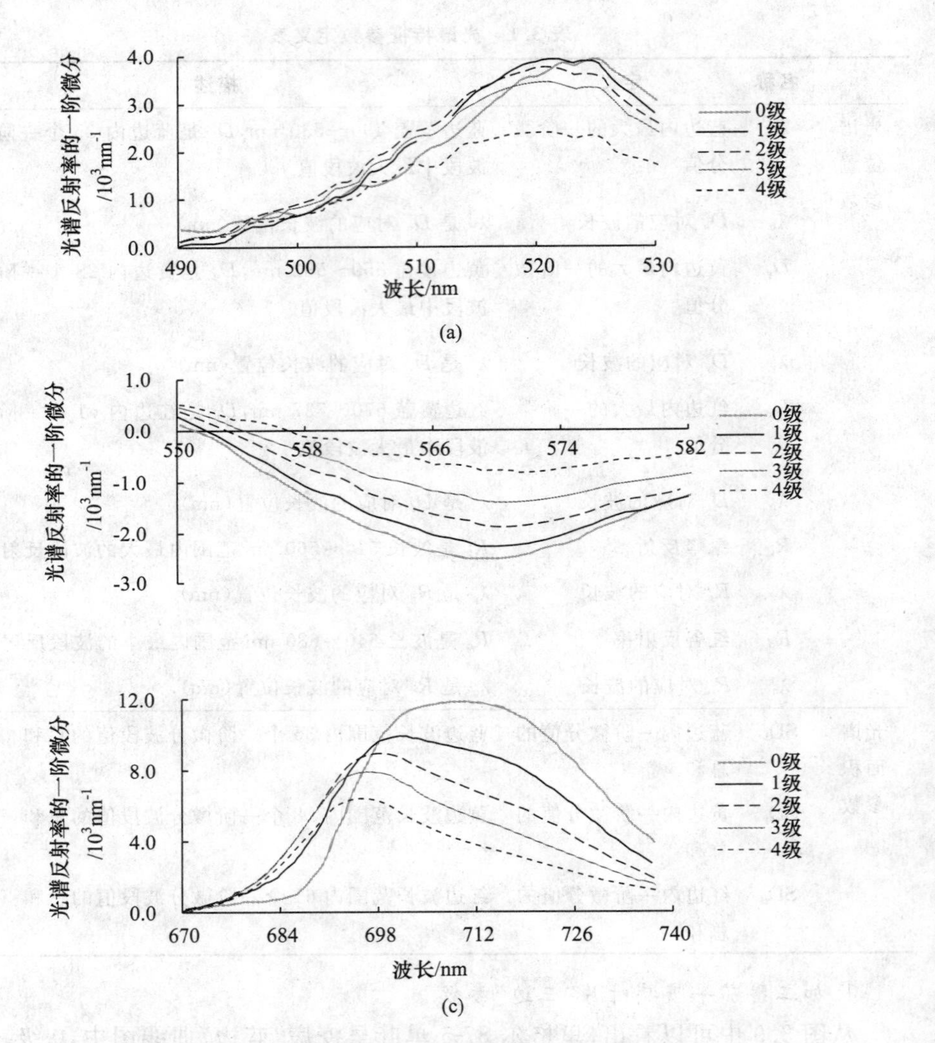

图 3.9　里格尔 87-5 单叶早疫病蓝边、黄边和红边

(a)蓝边　(b)黄边　(c)红边

从图 3.10 中可以看出，石番 28 单叶早疫病"蓝边"曲线图中，0 级、1 级、2 级、3 级、4 级的波峰值分别为(525，3.248)、(522，3.144)、(522，3.253)、(519，2.315)、(521，2.207)，可以得出曲线的波峰随着病情的加重而下降。"黄边"曲线图中，0 级、1 级、2 级、3 级、4 级的波谷分别为(569，－2.432)、(569，－2.240)、(570，－2.044)、(571，－1.008)、(571，－0.715)，可以得出曲线的波谷随着病情的加重

而上升。"红边"曲线图中，0 级、1 级、2 级、3 级、4 级的波峰分别为(712,11.580)、(708,10.281)、(701,9.566)、(698,6.484)、(696,5.402)，可以得出曲线的波峰随着病情的加重而降低，"红边"发生蓝移 16 nm。

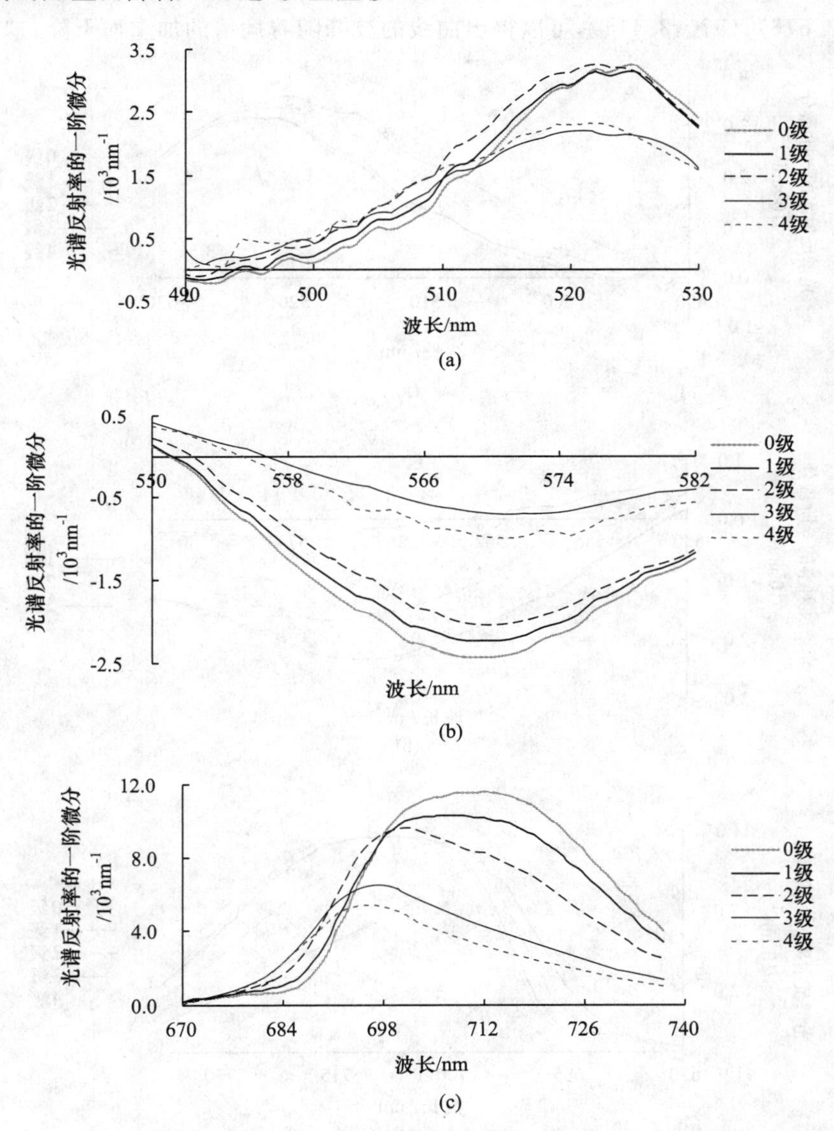

图 3.10　石番 28 单叶早疫病蓝边、黄边和红边

(a)蓝边　(b)黄边　(c)红边

2. 加工番茄细菌性斑点病叶片"三边"参数

从图 3.11 中可以看出，里格尔 87-5 单叶细菌性斑点病"蓝边"曲线图中，0 级、1 级、2 级、3 级、4 级的波峰值分别为(523，3.189)、(523，3.155)、(521，3.389)、(520，3.576)、(520，3.414)，可以得出曲线的波峰随着病情的加重而下降。"黄边"

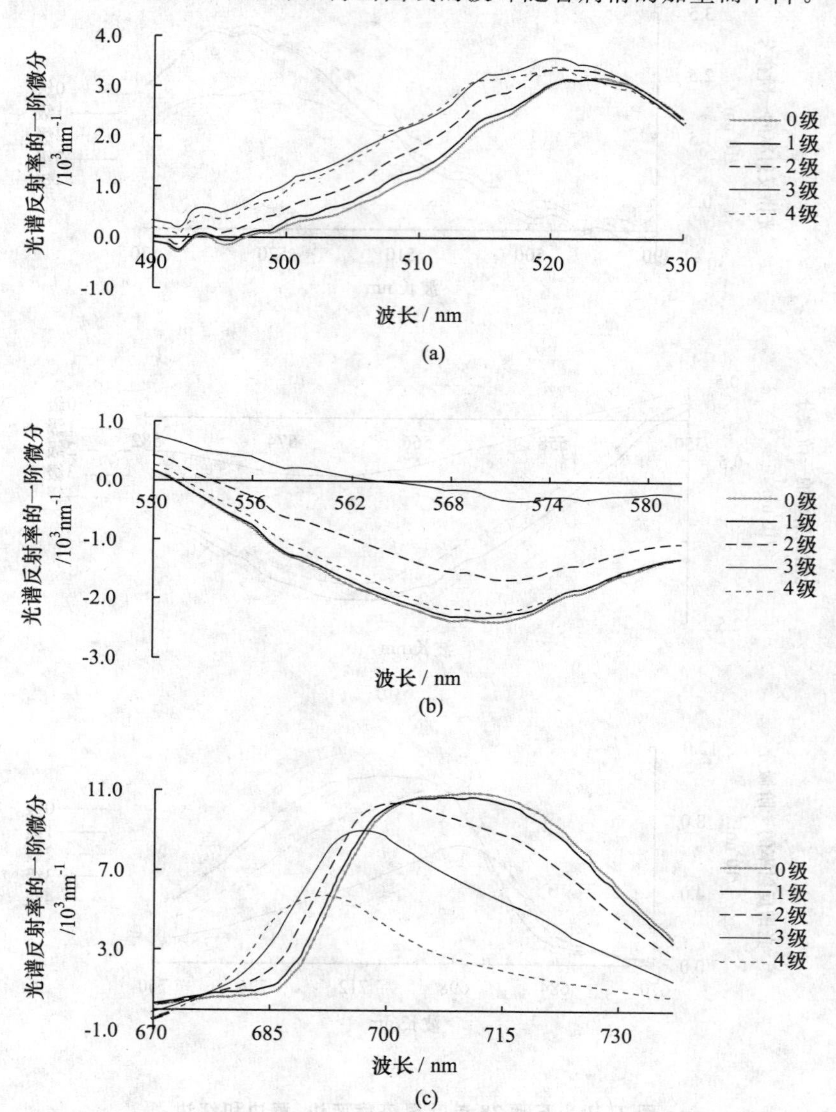

图 3.11 里格尔 87-5 单叶细菌性斑点病蓝边、黄边和红边

(a)蓝边 (b)黄边 (c)红边

曲线图中，0 级、1 级、2 级、3 级、4 级的波谷值分别为(571，－2.395)、(570，－2.316)、(571，－2.253)、(571，－1.686)、(572，－0.342)，可以得出曲线的波谷随着病情的加重而上升。“红边”曲线图中，0 级、1 级、2 级、3 级、4 级的波峰值分别为(711,10.906)、(708,10.688)、(700,10.354)、(698,9.007)、(691,5.797)，可以得出曲线的波峰随着病情的加重而降低，“红边”发生蓝移 20 nm。

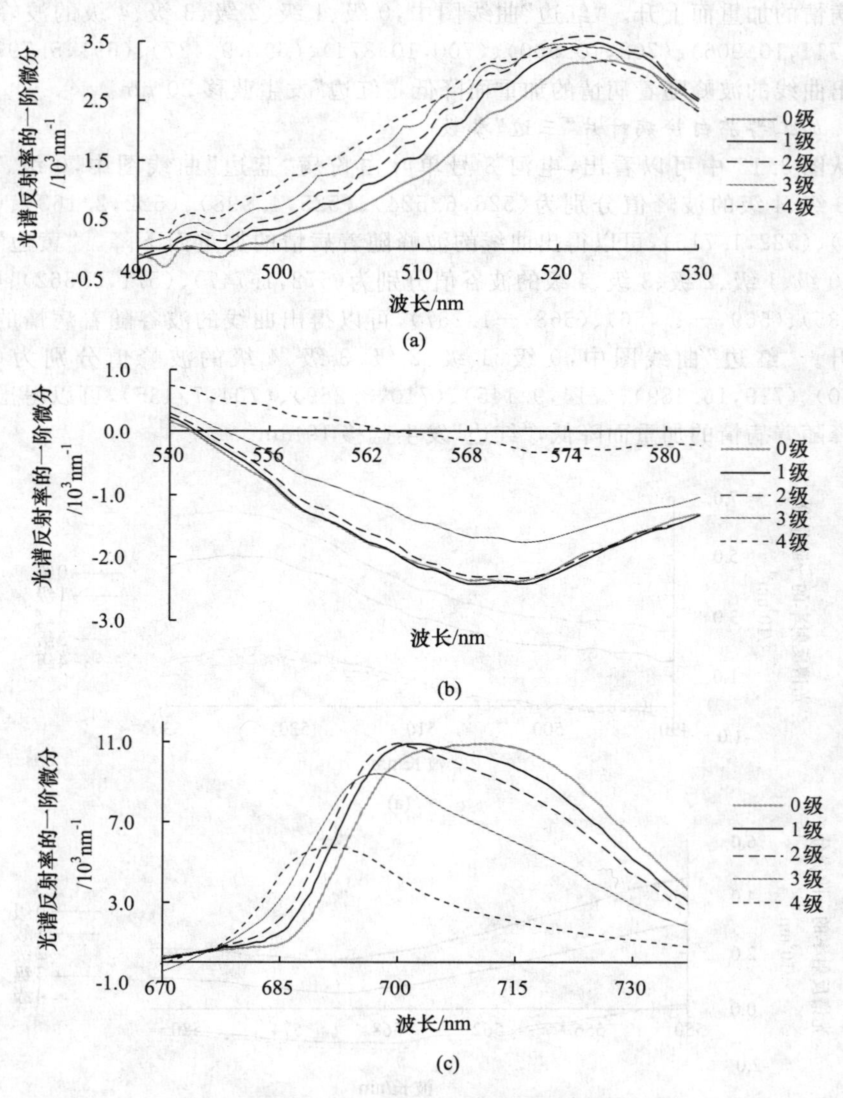

图 3.12　石番 28 单叶细菌性斑点病蓝边、黄边和红边

(a)蓝边　(b)黄边　(c)红边

从图 3.12 中可以看出,石番 28 单叶细菌性斑点病"蓝边"曲线图中,0 级、1 级、2 级、3 级、4 级的波峰值分别为(523,3.189)、(523,3.480)、(523,3.606)、(520,3.470)、(520,3.414),可以得出曲线的波峰随着病情的加重而下降。"黄边"曲线图中,0 级、1 级、2 级、3 级、4 级的波谷值分别为(571,－2.394)、(568,－2.436)、(571,－2.350)、(572,－1.781)、(572,－0.342),可以得出曲线的波谷随着病情的加重而上升。"红边"曲线图中,0 级、1 级、2 级、3 级、4 级的波峰值分别为(711,10.906)、(702,10.900)、(700,10.874)、(697,9.427)、(691,5.797),可以得出曲线的波峰随着病情的加重而降低,"红边"发生蓝移 20 nm。

3. 加工番茄白粉病叶片"三边"参数

从图 3.13 中可以看出,屯河 8 号单叶白粉病"蓝边"曲线图中,0 级、1 级、2 级、3 级、4 级的波峰值分别为(526,6.524)、(525,4.998)、(522,2.163)、(522,1.997)、(522,1.715),可以得出曲线的波峰随着病情的加重而下降。"黄边"曲线图中,0 级、1 级、2 级、3 级、4 级的波谷值分别为(572,1.747)、(571,0.562)、(570,－1.635)、(569,－1.456)、(568,－1.257),可以得出曲线的波谷随着病情的加重而上升。"红边"曲线图中,0 级、1 级、2 级、3 级、4 级的波峰值分别为(723,22.090)、(719,16.489)、(714,9.145)、(710,8.269)、(704,7.435),可以得出曲线的波峰随着病情的加重而降低,"红边"发生蓝移 19 nm。

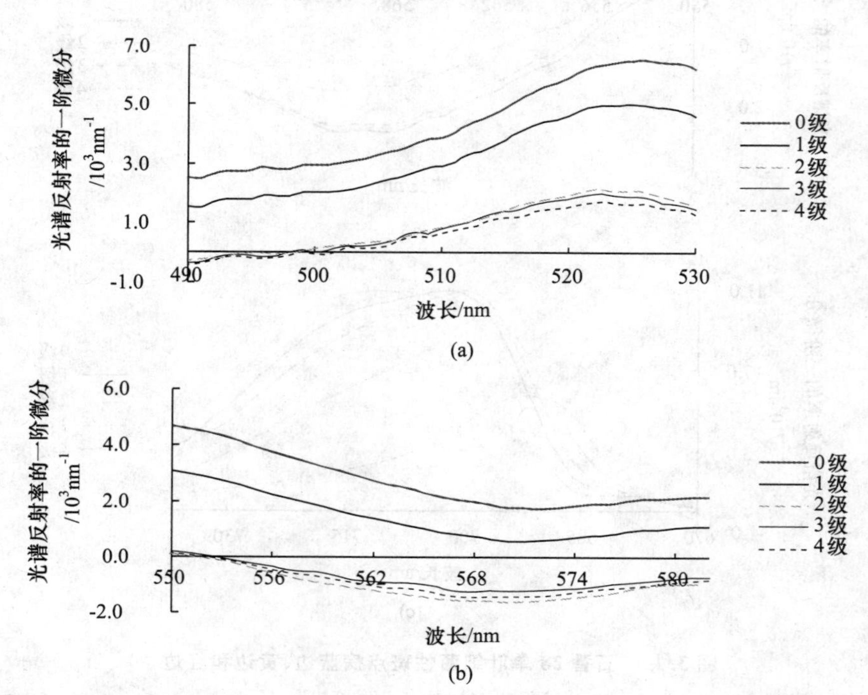

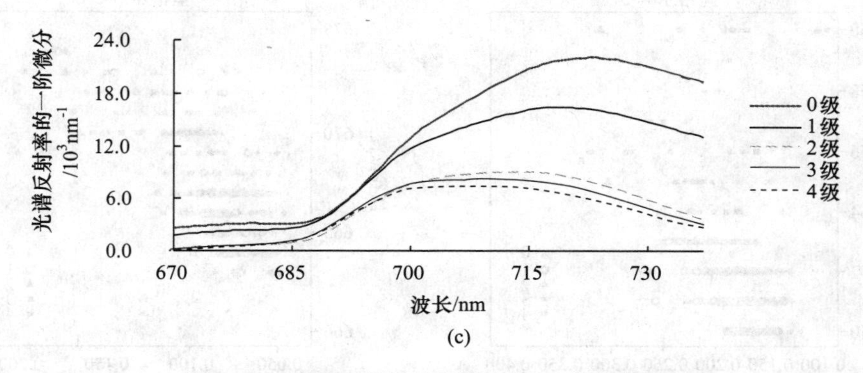

图 3.13　屯河 8 号单叶白粉病蓝边、黄边和红边

(a)蓝边　(b)黄边　(c)红边

从图 3.9 到图 3.13 可以得出加工番茄不同病害一阶微分光谱,"蓝边"曲线的波峰随着病情的加重而下降,"黄边"曲线的波谷随着病情的加重而上升,"红边"曲线的波峰随着病情的加重而降低。同种病害不同品种的"蓝边"、"黄边"、"红边"曲线的走势基本相同。相同品种不同病害"蓝边"、"黄边"、"红边"曲线,"红边"曲线图的差异最明显,"红边"蓝移范围为 13～20 nm。

3.2.2　加工番茄病害叶片"绿峰"和"红谷"参数

1.加工番茄早疫病"绿峰"和"红谷"参数

在图 3.14 中,里格尔 87-5 的 0 级、1 级、2 级、3 级、4 级绿峰反射率和绿峰位置的平均值分别为(0.157,551)、(0.190,551)、(0.208,553)、(0.204,553)、(0.199,556),红谷反射率和红谷位置的平均值分别为(0.063,666)、(0.087,666)、(0.102,668)、(0.112,669)、(0.118,671)。石番 28 的 0 级、1 级、2 级、3 级、4 级绿峰反射率和绿峰位置的平均值分别为(0.157,551)、(0.168,551)、(0.179,552)、(0.186,555)、(0.170,557),红谷反射率和红谷位置的平均值分别为(0.063,666)、(0.075,667)、(0.084,668)、(0.106,665)、(0.122,667)。可以得出,里格尔 87-5 和石番 28 的早疫病随着病情的加重,绿峰和红谷向长波方向偏移。与此同时,绿峰反射率升高,红谷反射率也升高。

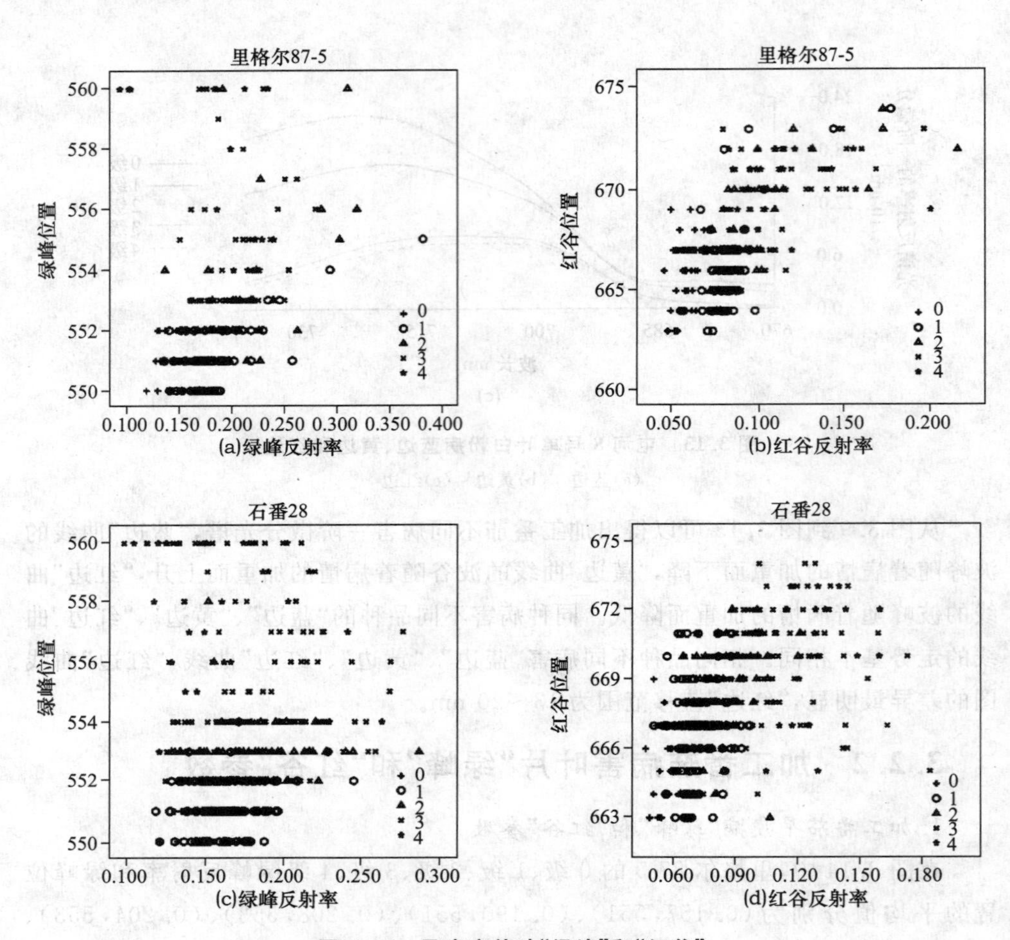

图 3.14　早疫病单叶“绿峰”和“红谷”

2. 加工番茄细菌性斑点病“绿峰”和“红谷”参数

在图 3.15 中，里格尔 87-5 的 0 级、1 级、2 级、3 级、4 级绿峰反射率和绿峰位置的平均值分别为(0.175,551)、(0.175,551)、(0.181,551)、(0.199,552)、(0.205,556)，红谷反射率和红谷位置的平均值分别为(0.080,666)、(0.081,665)、(0.085,666)、(0.093,668)、(0.129,669)。石番 28 的 0 级、1 级、2 级、3 级、4 级绿峰反射率和绿峰位置的平均值分别为(0.175,551)、(0.182,551)、(0.191,552)、(0.202,554)、(0.205,556)，红谷反射率和红谷位置的平均值分别为(0.080,666)、(0.077,667)、(0.082,668)、(0.105,670)、(0.129,669)。可以得出，里格尔 87-5

和石番 28 的细菌性斑点病随着病情的加重，绿峰和红谷向长波方向偏移。与此同时，绿峰反射率升高，红谷反射率也升高。

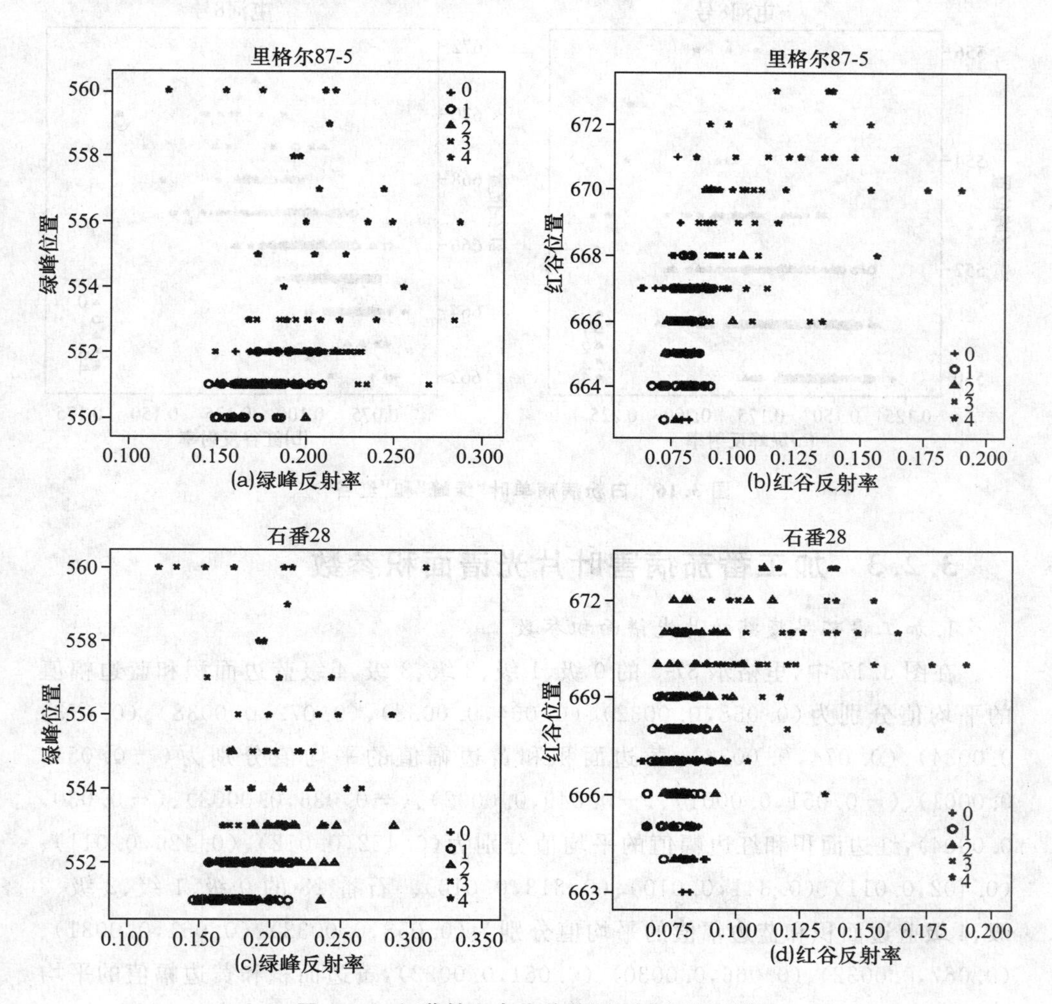

图 3.15　细菌性斑点病单叶“绿峰”和“红谷”

3. 加工番茄白粉病“绿峰”和“红谷”参数

在图 3.16 中，屯河 8 号的 0 级、1 级、2 级、3 级、4 级绿峰反射率和绿峰位置的平均值分别为(0.154,550)、(0.158,551)、(0.162,551)、(0.172,552)、(0.180,552)，红谷反射率和红谷位置的平均值分别为(0.077,664)、(0.086,665)、(0.094,666)、(0.108,667)、(0.123,668)。可以得出，屯河 8 号白粉病随着病情的加重，绿

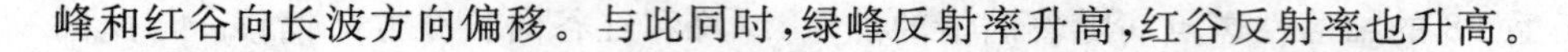

峰和红谷向长波方向偏移。与此同时，绿峰反射率升高，红谷反射率也升高。

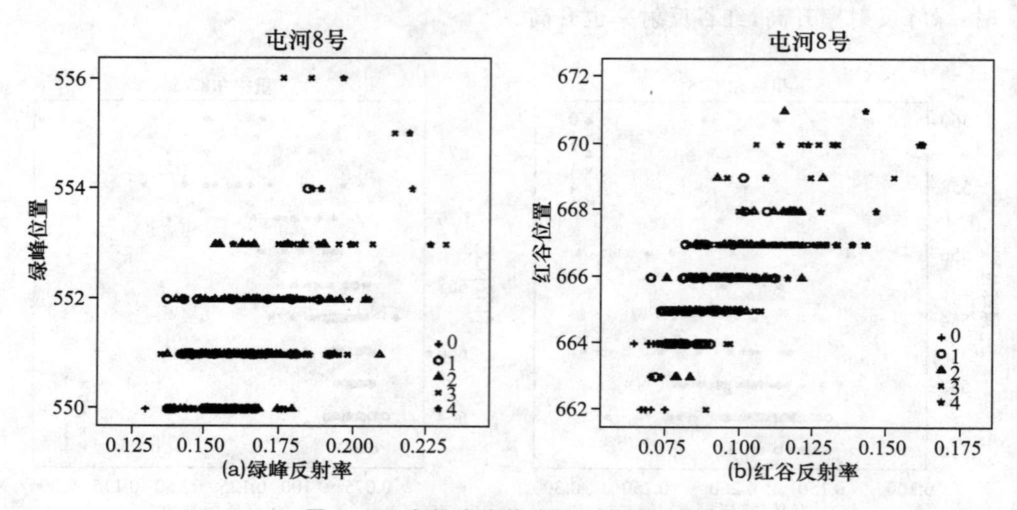

图 3.16　白粉病病单叶“绿峰”和“红谷”

3.2.3　加工番茄病害叶片光谱面积参数

1. 加工番茄早疫病叶片光谱面积参数

在图 3.17 中，里格尔 87-5 的 0 级、1 级、2 级、3 级、4 级蓝边面积和蓝边幅值的平均值分别为(0.058,0.0032)、(0.064,0.0033)、(0.072,0.0038)、(0.073,0.0034)、(0.074,0.0033)，黄边面积和黄边幅值的平均值分别为(－0.051,0.0001)、(－0.051,0.0001)、(－0.049,0.0002)、(－0.036,0.0003)、(－0.030,0.0004)，红边面积和红边幅值的平均值分别为(0.432,0.012)、(0.420,0.011)、(0.402,0.011)、(0.341,0.010)、(0.313,0.010)。石番 28 的 0 级、1 级、2 级、3 级、4 级蓝边面积和蓝边幅值的平均值分别为(0.058,0.0033)、(0.061,0.0031)、(0.067,0.0032)、(0.066,0.0030)、(0.051,0.0022)，黄边面积和黄边幅值的平均值分别为(－0.051,0.0001)、(－0.047,0.0001)、(－0.042,0.0002)、(－0.046,0.0003)、(－0.0111,0.0004)，红边面积和红边幅值的平均值分别为(0.432,0.012)、(0.396,0.011)、(0.347,0.010)、(0.740,0.018)、(0.182,0.006)。可以得出，里格尔 87-5 和石番 28 的早疫病随着病情的加重，蓝边面积呈上升趋势，黄边面积也呈上升趋势，红边面积呈下降趋势。相对来说，蓝边幅值、黄边幅值、红边幅值的差化不显著。

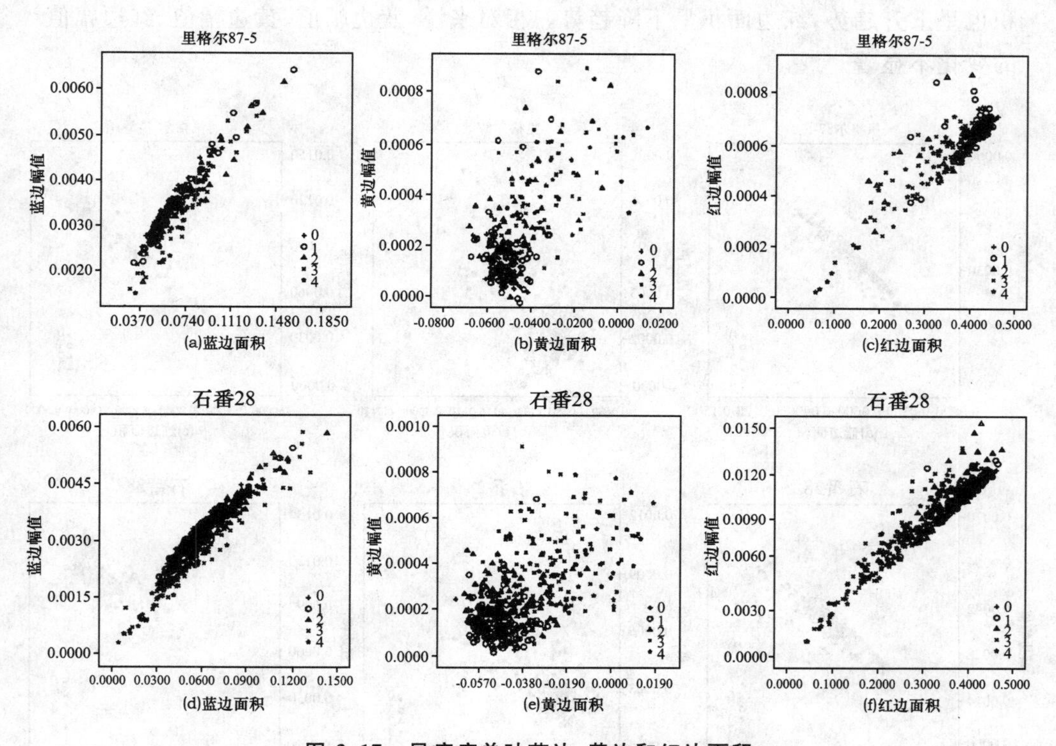

图 3.17　早疫病单叶蓝边、黄边和红边面积

2. 加工番茄细菌性斑点病叶片光谱面积参数

在图 3.18 中，里格尔 87-5 的 0 级、1 级、2 级、3 级、4 级蓝边面积和蓝边幅值的平均值分别为(0.058,0.0032)、(0.057,0.0031)、(0.061,0.0031)、(0.075,0.0035)、(0.171,0.0060)，黄边面积和黄边幅值的平均值分别为(−0.050,0.0001)、(−0.049,0.0001)、(−0.048,0.0002)、(−0.046,0.0002)、(0.095,0.0040)，红边面积和红边幅值的平均值分别为(0.415,0.011)、(0.423,0.011)、(0.421,0.011)、(0.391,0.011)、(0.563,0.013)。石番 28 的 0 级、1 级、2 级、3 级、4 级蓝边面积和蓝边幅值的平均值分别为(0.058,0.0032)、(0.068,0.0035)、(0.075,0.0036)、(0.079,0.0035)、(0.171,0.0061)，黄边面积和黄边幅值的平均值分别为(−0.051,0.0001)、(−0.051,0.0002)、(−0.048,0.0003)、(−0.034,0.0004)、(0.095,0.0041)，红边面积和红边幅值的平均值分别为(0.415,0.011)、(0.408,0.011)、(0.393,0.011)、(0.323,0.010)、(0.263,0.013)。可以得出，里格尔 87-5 和石番 28 的细菌性斑点病随着病情的加重，蓝边面积呈上升趋势，黄边面

积也呈上升趋势,红边面积呈下降趋势。相对来说,蓝边幅值、黄边幅值、红边幅值的变化不显著。

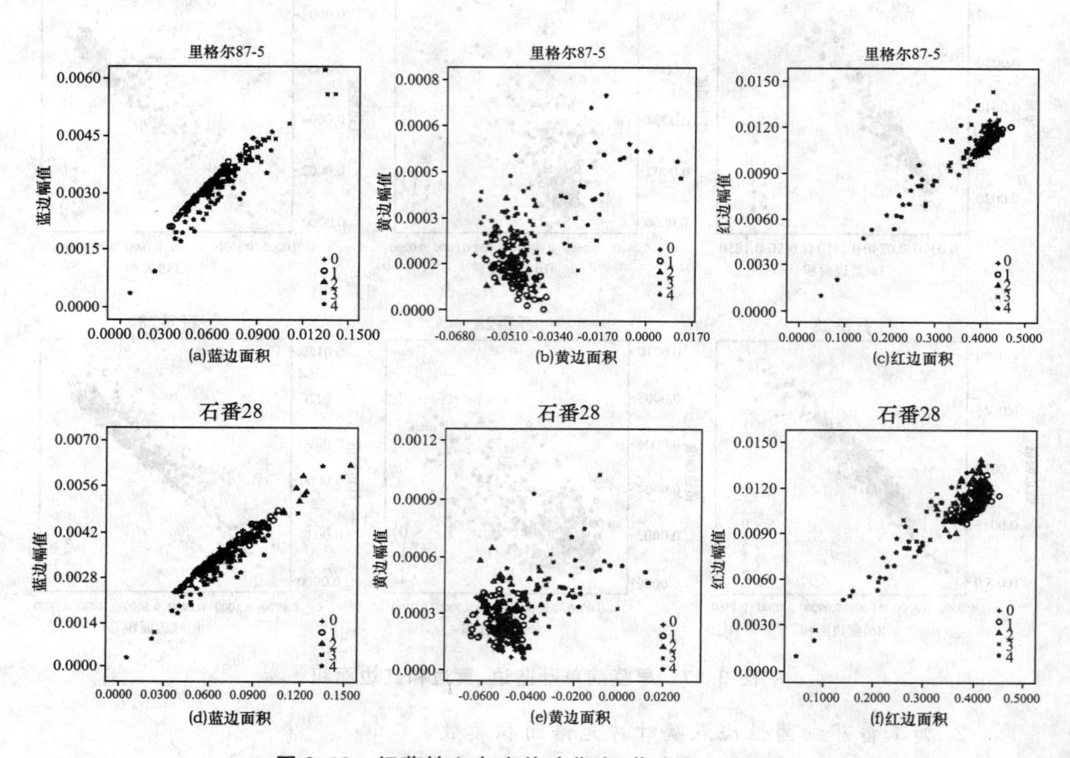

图 3.18 细菌性斑点病单叶蓝边、黄边和红边面积

3. 加工番茄白粉病叶片光谱面积参数

在图 3.19 中,屯河 8 号的 0 级、1 级、2 级、3 级、4 级蓝边面积和蓝边幅值的平均值分别为(0.178,0.007)、(0.131,0.005)、(0.037,0.002)、(0.034,0.002)、(0.028,0.002),黄边面积和黄边幅值的平均值分别为(0.090,0.0050)、(0.046,0.0031)、(−0.034,0.0000)、(−0.031,0.0001)、(−0.025,0.0001),红边面积和红边幅值的平均值分别为(0.884,0.026)、(0.690,0.020)、(0.350,0.009)、(0.329,0.009)、(0.293,0.008)。可以得出,屯河 8 号的白粉病随着病害严重度的加重,蓝边面积、黄边面积和红边面积呈下降趋势,蓝边幅值和红边幅值呈下降趋势,黄边幅值的变化比较小。

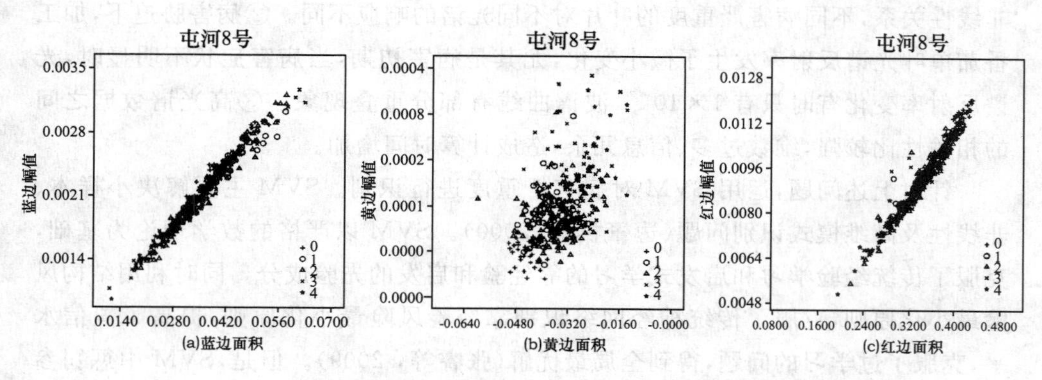

图 3.19 白粉病单叶蓝边、黄边和红边面积

“绿峰”和“红谷”两个参数是从原始光谱中获取,“红边”、“黄边”、“蓝边”、红边面积、黄边面积、蓝边面积等三边参数是从原始光谱的一阶微分光谱中提取。健康植被的叶片呈现绿色,是由于叶绿素在蓝、红波段吸收作用强,形成吸收谷,在两个吸收谷之间辐射作用强,形成绿色反射峰。当植被受到病害胁迫后,植被不能正常生长发育,导致叶片叶绿素含量下降,叶绿素在蓝、红波段的吸收减少,反射增强,尤其是红光反射率升高,导致叶片转为黄色,图 3.9 至图 3.13 也说明了这个问题,加工番茄叶片在受到病害胁迫后,里格尔 87-5 和石番 28 单叶“红边”最大蓝移 20 nm。在图 3.14 至图 3.16 中,绿峰位置向长波方向最大偏移约 5 nm,健康叶片的绿峰位置基本固定在 550 nm 和 551 nm 两个波段,而病害叶片的绿峰位置在 551～557 nm 变化。健康叶片的绿峰反射率较小且集中,而病害叶片的绿峰反射率较大且分散,表明加工番茄叶片在受到病害胁迫后,绿光区域反射率增高。受病害胁迫的加工番茄叶片其红谷反射率与健康叶片相比,出现上升趋势;病害叶片的红谷位置主要集中在 666 nm 和 664 nm,而健康叶片的红谷位置在 666～671 nm 变动,表明加工番茄受病害胁迫后红谷位置向长波方向偏移约 5 nm。在图 3.17 至图 3.19 中,从整体上,蓝边和红边面积特征参数图基本呈线性分布,而黄边面积特征参数图呈分散状态。由于后面的研究受样本数的限制,不再区分具体的品种,只从病害的角度进行分类。

3.3 加工番茄病害叶片识别

加工番茄三种病害单叶光谱反射率与病害严重度之间存在以下三个问题:①

非线性关系，不同病害严重度的叶片对不同光谱的响应不同。②病害胁迫下，加工番茄单叶光谱反射率发生了微小变化，尤其是病害初期，当病害症状不明显时，光谱反射率变化有时只有 1×10^{-5}，波谱曲线有部分重叠现象。③高光谱数据之间的相关性比较强，维数过多、信息冗余，造成计算时间增加。

针对上述问题，运用 SVM 对病害严重度进行识别。SVM 主要解决小样本、非线性及高维模式识别问题（边肇祺等，2000）。SVM 以严格的数学理论为基础，克服了传统经验学习和启发式学习的靠经验和启发的先验成分。同时利用结构风险最小化原则，克服了传统神经网络识别靠经验风险最小化原则，提高了置信水平，克服了过学习的问题，得到全局最优解（张睿等，2009）。但是，SVM 中惩罚参数 c 和核函数参数 g 需要事先给定，参数的确定直接影响分类的类型和复杂程度，同时当样本容量较大时，SVM 的训练和识别时间比较长，识别率也明显下降。

遗传算法（genetic algorithm，简称 GA）是以遗传理论和自然选择为基础，将生物进化过程中适者生存规则与群体内部染色体的随机信息交换机制相结合的高效全局寻优搜索算法（雷英杰等，2005）。将问题域中的解，看做是群体的染色体或一个个体，并将每一个个体编码成符号串形式，对群体反复进行基于遗传学的操作（遗传、交叉和变异）。根据预定的目标适应度函数对每个个体进行评价，不断得到更优的群体。改变了传统优化算法的基于单一度量函数的梯度或较高次统计，产生一个确定性的试验解序列，是一种高效、并行、全局的优化搜索算法。因此，运用 GA 算法和 SVM 相结合对加工番茄三种病害严重度进行识别。

3.3.1 加工番茄单叶病害高光谱识别模型

1. 支持向量机

支持向量机（support vector machines，简称 SVM）是由 Vapnik 在 1995 年提出的一种基于统计学习理论的机器学习方法，用于统计数据的分类和分析等。在分类中，建立一个分类超平面作为决策曲面，使得正例和反例之间的隔离边缘被最大化。分类超平面如式（3.1）所示：

$$(w\phi(x))+b=0 \tag{3.1}$$

式中，b 为偏置，w 为分类面的权重向量，ϕ 为输入特征向量空间到高维空间的映射。

找出最优分类超平面的过程转化为解算一个最优化问题。式（3.2）和式（3.3）

分别为目标函数和约束条件。

$$\min_{w,b,\xi} \frac{1}{2}\parallel w \parallel^2 + C\sum_{i=1}^{k}\xi_i \tag{3.2}$$

$$s.t.\ y_i(w\phi(x_i)+b)+\xi_i \geqslant 1 \quad i=1,2,\cdots,k$$

$$\xi_i \geqslant 0, i=1,2,\cdots,k \tag{3.3}$$

式中，C 为惩罚系数，ξ 为松弛变量，主要解决数据集的线性不可分。利用Lagrange函数将原始优化问题转化为对偶优化问题，式(3.4)和式(3.5)为目标函数和约束条件。

$$\max_a L(a) = \sum_{i=1}^{k} a_1 - \frac{1}{2}\sum_{i=1}^{k}\sum_{j=1}^{k} a_i\, a_j\, y_i\, y_j k(x_i x_j) \tag{3.4}$$

$$s.t.\ \sum_{i=1}^{k} y_i a_i = 0 \quad a_i \geqslant 0 \quad i=1,2,...k \tag{3.5}$$

式(3.4)中，$k(x_i x_j)=\phi(x_i)\phi(x_j)$代表核函数，使用核函数将输入特征空间映射到高维空间。选择不同的核函数可以产生不同的支持向量机，常用的有以下几种：多项式核(式3.6)、径向基函数核(式3.7)、Sigmoid核(式3.8)。

$$k(x,y)=(\gamma(x,y)+b)^d, d \text{ 为多项式的阶}, b \text{ 为偏置系数} \tag{3.6}$$

$$k(x,y)=\exp(-\gamma||x-y||^2), \gamma \text{ 为核函数的宽度} \tag{3.7}$$

$$k(x,y)=\tanh(\gamma(x,y)+b), \gamma \text{ 为核函数的宽度}, b \text{ 为偏置系数} \tag{3.8}$$

解算上面的对偶问题，得到最优解，由此得出SVM分类判别函数为：

$$f(x)=\mathrm{sgn}(\sum_{\sup port\ vector} y_i a_i^0 k(x_i x)-b^0) \tag{3.9}$$

2.遗传算法

基本遗传算法可表示为

$$SGA=(C,E,P_0,M,\Phi\Gamma\Psi\mathrm{T}) \tag{3.10}$$

式中：C为个体的编码方法；E为个体适应度评价函数；P_0为初始种群；M为种群大小；Φ为选择算子；Γ为交叉算子；Ψ为变异算子；T为遗传运输终止条件。

基本遗传算法的步骤：

(1)第一步，染色体编码和解码

基本遗传算法使用固定长度的二进制符号串来表示群体中的个体，其等位基因由二值{0,1}所组成。初始群体中各个个体的基因可用均匀分布的随机数来生成。$X=100111001000101101$ 就可表示一个个体，该个体的染色体长度 $n=18$。

①编码：设某一参数的取值范围为[U_1，U_2]，用长度为 k 的二进制编码符号来表示该参数，则它总共产生 2^k 种不同的编码，可使参数编码时的对应关系为：

$000000\cdots0000=0\rightarrow U_1$

$000000\cdots0001=1\rightarrow U_1+\delta$

$000000\cdots0002=1\rightarrow U_1+2\delta$

$\vdots$

$111111\cdots1111=2^k-1\rightarrow U_2$

其中，$\delta=\dfrac{U_2-U_1}{2^k-1}$。

②解码：假设某一个体的编码为 $b_k b_{k-1} b_{k-2}\cdots b_2 b_1$，则对应的解码公式为

$$X=U_1+(\sum_{i=1}^{k}b_i\cdot2^{i-1})\cdot\frac{U_2-U_1}{2^k-1} \tag{3.11}$$

(2)第二步，个体适应度的检测评估

基本遗传算法按与个体适应度成正比的概率来决定当前群体中各个个体遗传到下一代群体中的机会多少。为了正确估计这个概率，要求所有个体的适应度必须为非负数。所以，根据不同种类的问题，需要预先确定好由目标函数值到个体适应度之间的转换规律，特别是要预先确定好当目标函数值为负数时的处理方法，如可取一个适当大的正数 c，使个体的适应度为目标函数值加上正数 c。

(3)第三步，遗传算子

①选择算子，选择运算使用比例选择算子。比例选择因子是利用比例与各个个体适应度的概率决定子孙的遗留可能性。若设种群数 M，个体 i 的适应度为 f_i，则个体 i 被选取的概率为

$$P_i=f_i/\sum_{k=1}^{M}f_k \tag{3.12}$$

当个体选择的概率给定后，产生[0，1]之间的均匀随机数来决定哪个个体参加交配。若个体的选择概率大，则能被多次选中，它的遗传基因就会在种群中扩大；若个体的选择概率小，则被淘汰。

②交叉算子，交叉运算使用单点交叉算子。只有一个交叉点位置，任意挑选经过选择操作后种群中两个个体作为交叉对象，随机产生一个交叉点位置，两个个体在交叉点位置互换部分基因码，形成两个子个体。

③变异算子，变异运算使用基本位变异算子或均匀变异算子。为了避免问题过早收敛，对于二进制的基因码组成的个体种群，实现基因码的小概率翻转，即 0 变成 1，而 1 变为 0。

(4)第四步，基本遗传算法的运行参数

基本遗传算法有下列 4 个运行参数需要预先设定，即 M,T,P_c,P_m。

M 为群体大小，即群体中所含个体的数量，一般取为 20～100；

T 为遗传算法的终止进化代数，一般取为 100～500；

P_c 为交叉概率，一般取为 0.4～0.99；

P_m 为变异概率，一般取为 0.000 1～0.1。

运用 GA 算法和 SVM 相结合的 GA-SVM 模型，对加工番茄病害严重度进行识别，算法如图 3.20 所示，从原始数据把训练集和测试集提取出来，进行归一化预处理，归一化处理的映射如下：

$$f: x \to y = \frac{x - x_{\min}}{x_{\max} - x_{\min}} \tag{3.13}$$

式中 $x_{\min} = \min(x)$，$x_{\max} = \max(x)$，归一化的效果是把原始数据规整到［0,1］范围内。

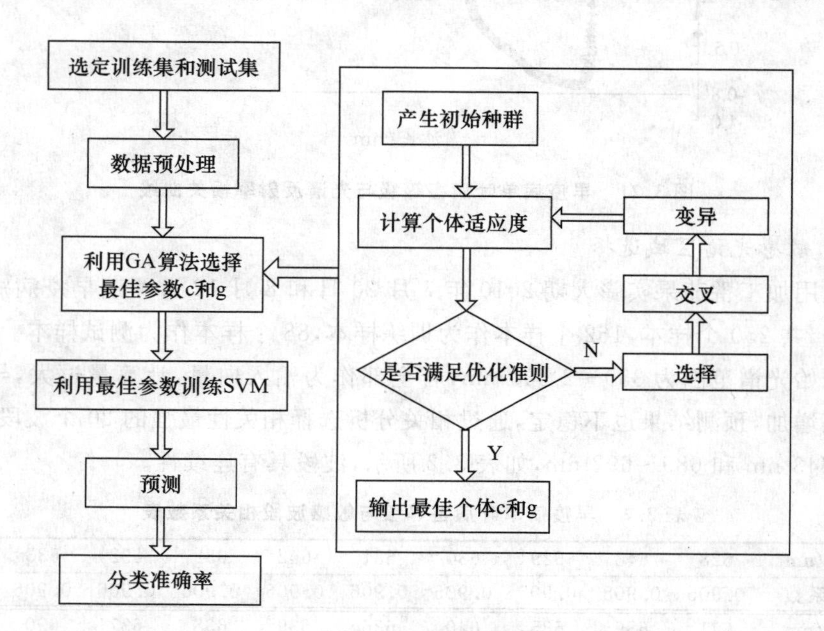

图 3.20　GA 和 SVM 算法

分类准确率作为适应度函数，优化准则为进化代数，通过选择、交叉、变异，搜索最佳的惩罚参数 c 和核函数参数 g，代入 SVM 对输入向量进行训练，再用得到的模型来识别测试集加工番茄病害严重度等级。

3.3.2 加工番茄单叶早疫病高光谱识别

1. 加工番茄单叶早疫病病害等级与光谱反射率的相关分析

对加工番茄早疫病病叶的病害等级和光谱反射率进行相关分析，如图 3.21 所示，350～711 nm 和 1 154～2 500 nm 呈正相关，712～1 153 nm 呈负相关。582～698 nm 病害等级与光谱反射率的相关系数大于 0.8，其中 691 nm 处的相关系数最大，为 0.909。在 712～1 153 nm，764 nm 处的相关系数最小，为－0.769。

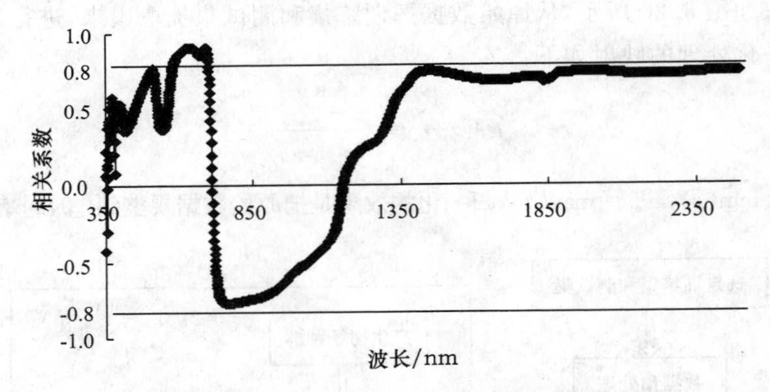

图 3.21 早疫病单叶病害等级与光谱反射率相关曲线

2. 敏感光谱区域选择

选用加工番茄果实膨大期 2010 年 7 月 20 日和 8 月 12 日两期早疫病病叶光谱数据，共 250 个样本，162 个样本作为训练样本，88 个样本作为测试样本。

原始光谱范围为 350～2 500 nm，若全部作为输入向量，计算量过大，导致训练时间增加，预测结果也不稳定，通过相关分析选择相关性最强的 20 个波段，位于 628～643 nm 和 689～692 nm，如表 3.2 所示，波段具有连续性。

表 3.2 早疫病单叶病害等级与敏感波段相关系数表

波段/nm	628	643	629	630	631	642	632	692	633	634
相关系数	0.905	0.905	0.905	0.906	0.906	0.906	0.906	0.906	0.906	0.907
波段/nm	641	689	635	640	636	639	638	637	690	691
相关系数	0.907	0.907	0.907	0.907	0.907	0.907	0.907	0.907	0.909	0.909

ASD Field Spec Pro FR 2500 便携式光谱仪有 512 个光谱波段，波段范围为 350～2 500 nm，采样间隔（波段宽）在 350～1 000 nm 为 1.4 nm；在 1 000～2 500 nm为 2 nm。光谱分辨率在 350～1000 nm 为 3 nm，1 000～2 500 nm 为 10 nm。1 nm 的重采样间隔是通过内插处理得到的光谱反射率。如表 3.3 所示，列出和病害严重度相关性最强的十个波段，可以发现相关系数都在 0.9 以上。同时，636 nm 和 635 nm、637 nm 和 635 nm、637 nm 和 636 nm、638 nm 和 636 nm、638 和 637 nm、639 nm 和 638 nm、640 nm 和 639 nm 的相关系数为 1，相关性达到最高。因此，从相关系数等于 0.5 开始，以 0.05 为步长反复试验，选择相关性较强的 488～514 nm、576～638 nm、639～700 nm 作为敏感光谱区域，进行主成分分析。因为主成分分析是一种除去波段之间的多余信息，将多波段的信息压缩到比原波段更有效的少数几个转换波段的方法。

表 3.3　单叶早疫病相关系数矩阵表

R	635	636	637	638	639	640	641	689	690	691
635	1									
636	1.000	1								
637	1.000	1.000	1							
638	0.999	1.000	1.000	1						
639	0.998	0.999	0.999	1.000	1					
640	0.998	0.999	0.999	0.998	1.000	1				
641	0.986	0.998	0.988	0.999	0.989	0.990	1			
689	0.990	0.987	0.988	0.989	0.989	0.990	0.991	1		
690	0.992	0.991	0.991	0.991	0.992	0.992	0.992	0.999	1	
691	0.992	0.992	0.992	0.992	0.991	0.991	0.990	0.995	0.998	1

3.主成分分析

对相关分析比较强的 488～514 nm、576～638 nm、639～700 nm 进行主成分分析，分别得到第一主成分 P_1 和第二主成分 P_2 的得分图，如图 3.22 所示，横坐标表示第一主成分得分值，纵坐标表示第二主成分得分值。0 级、1 级、2 级主要集中在二、三象限，3 级、4 级主要集中在一、四象限。0 级和 1 级在二、三象限聚合度比较好，3 级和 4 级在一、四象限比较分散，2 级主要集中在二、三象限，除此之外，有少量样本分散在第一象限。

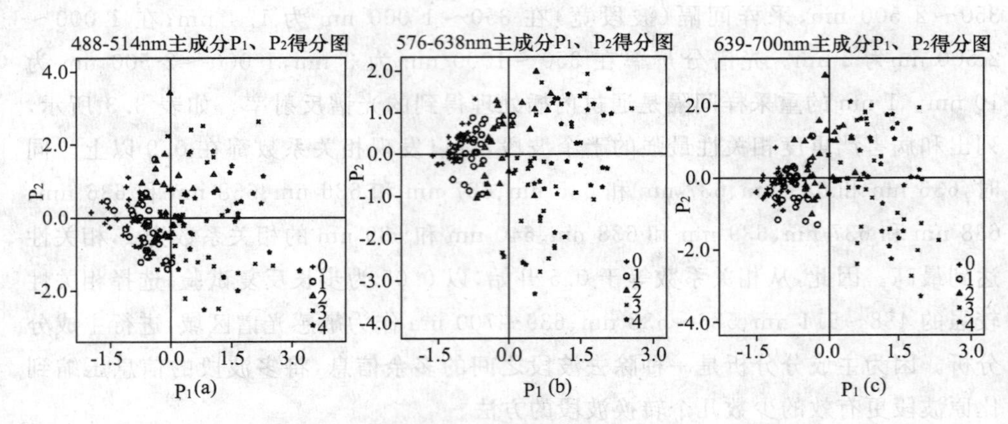

图 3.22　单叶早疫病分段主成分 P_1、P_2 得分图

在表 3.4 中，分别为 488～514 nm、576～638 nm、639～700 nm 前 5 个主成分的方差贡献率，累积贡献率都大于 99%。说明前 5 个主成分已经保留了光谱的全部信息，第一个主成分可解释光谱信息大于 95%，后面成分解释光谱变异量弱，方差贡献率低。但是，对应加工番茄单叶病害严重度在某些波段内包含许多特定的特征信息。因此，敏感光谱区域前 5 个主成分作为 GA-SVM 模型的输入向量。

表 3.4　单叶早疫病原始光谱前 5 个主成分解释的变异百分比

敏感光谱区域	P_1	P_2	P_3	P_4	P_5	总和
488～514 nm	98.075	1.878	0.040	0.004	0.001	99.998
576～638 nm	97.780	2.212	0.004	0.002	0.001	99.999
639～700 nm	95.737	3.858	0.258	0.133	0.011	99.987

4.GA-SVM 模型的早疫病病害等级识别

在 Matlab R2009a 中调用了 GA 和 SVM 工具箱（Chang C. C. and Lin C. J. ，2005；Faruto and Liyang ，2009），实现 GA 优化 SVM 参数 c 和 g。其中 GA 的参数中最大的进化代数为 200，种群最大的数量为 20，参数 c 的变化范围为(0，100]，参数 g 的变化范围为(0，1000]。适应度函数为分类准确率，得出 c 为 0.1289，g 为 3.479。

调用 Svmtrain 和 Svmpredict 函数，代入 c 和 g，分别采用多项式核、径向基函数核、Sigmoid 核，得到训练样本的准确率和测试样本的准确率，如表 3.5 所示。

表 3.5　单叶早疫病训练样本和测试样本的准确率　%

核函数	GA-SVM 训练准确率	GA-SVM 预测准确率	SVM 训练准确率	SVM 预测准确率
多项式核	84.615	73.863	62.000	55.000
径向基函数核	84.615	80.681	63.000	56.000
Sigmoid 核	83.634	71.509	60.000	54.000

其中径向基函数核的 GA-SVM 分类准确率最高，适应度曲线和测试集的实际分类和预测分类图如图 3.23 所示。在适应度曲线图中每代中有最佳适应度和平均适应度，终止代数为 100，种群数量为 20。在实际分类和预测分类图中，总样本 88 个，0 级中 6 个样本被预测错，1 级中 2 个样本被预测错，3 级中 9 个样本被预测错，2 级和 4 级没有错分现象。

对 GA-SVM 模型和 SVM 进行比较分析，SVM 模型中，－c 的默认值为 1，－g的默认值为 1/k，k 为输入数据中的属性数。对训练数据和测试数据进行 SVM 分类，得到最高分类预测准确率为 56%，远远低于 GA-SVM 模型的预测准确率。因此，GA 和 SVM 模型优化了加工番茄早疫病病害严重度的识别精度，可以应用于大面积加工番茄早疫病的预测预报和防治扩散。

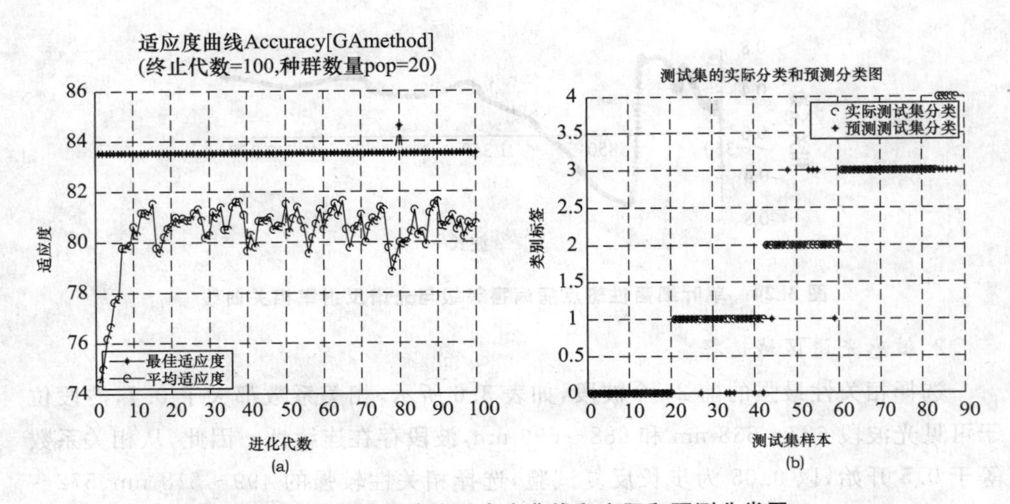

图 3.23　单叶早疫病适应度曲线和实际和预测分类图

5. 基于 GA-SVM 的加工番茄单叶早疫病识别结果

通过加工番茄单叶早疫病光谱反射率数据和实测病害严重度，对早疫病病害

等级进行识别,得到以下结果:

①加工番茄早疫病病害等级和光谱反射率的相关分析中,选取相关系数较高的敏感光谱区域 488～514 nm、576～638 nm、639～700 nm,分别提取前 5 个主成分作为 GA-SVM 模型的输入向量。

②利用 GA-SVM 模型,对病叶等级进行识别,适应度函数为分类准确率,得出 SVM 的参数 c 为 0.128 9,g 为 3.479,采用多项式核、径向基函数核、Sigmoid 核分别对样本进行训练和预测,其中的径向基函数核的 GA-SVM 模型为最佳模型,训练准确率为 84.615%,预测准确率为 80.681%。

3.3.3 加工番茄单叶细菌性斑点病高光谱识别

1.加工番茄单叶细菌性斑点病病害等级与光谱反射率的相关分析

从图 3.24 可以得出,在 357～715 nm 呈正相关,在 716～1 111 nm 呈负相关,在 1 112～2 500 nm 呈正相关,相关系数的绝对值大于 0.6 为 499～518 nm、572～702 nm 和 736～811 nm。其中在 400～518 nm 内,在 510 nm 处出现波峰,相关系数值为 0.652;在 572～702 nm,出现两个波峰,分别在 635 nm 和 692 nm 处,相关系数为 0.732 和 0.748;在 736～811 nm,在 756 nm 处出现波谷,相关系数值为 −0.649。

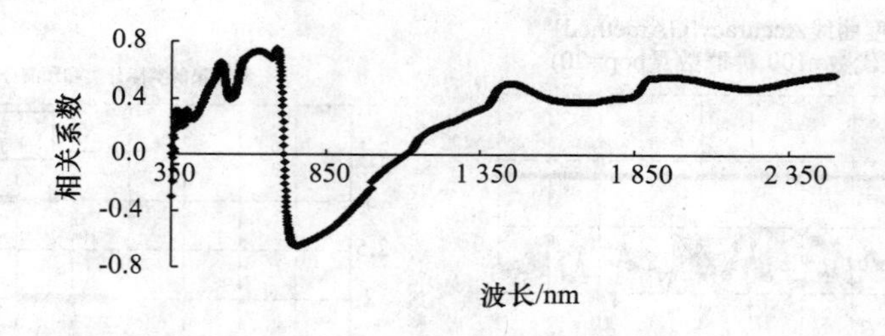

图 3.24 单叶细菌性斑点病病害等级与光谱反射率相关曲线

2.敏感光谱区域选择

选择相关性最强的前 20 个波段,如表 3.6 所示,相关系数都大于 0.7,波段位于可见光波段 627～638 nm 和 688～696 nm,波段存在连续性。因此,从相关系数等于 0.5 开始,以 0.05 为步长反复试验,选择相关性较强的 499～518 nm、572～702 nm、763～811 nm。

表3.6　细菌性斑点病单叶病害等级与敏感波段相关系数表

波段/nm	627	638	628	629	637	688	630	636	631	635
相关系数	0.722	0.722	0.723	0.723	0.723	0.723	0.723	0.724	0.724	0.724
波段/nm	634	633	696	689	632	695	690	694	691	692
相关系数	0.724	0.724	0.725	0.732	0.733	0.736	0.736	0.738	0.740	0.748

3.主成分分析

分别对499～518 nm、572～702 nm、736～811 nm进行分段主成分分析，如图3.25所示，横坐标表示的第1主成分得分值，纵坐标表示的第2主成分得分值，得出0级、1级、2级在499～518 nm和572～702 nm聚集在第二、三象限，在736～811 nm聚集在第一、四象限。3级和4级比较分散，在499～518 nm和572～702 nm聚集在第一、四象限，在736～811 nm聚集在第二、三象限。说明主成分分析能定性地区分0级、1级、2级和3级、4级。

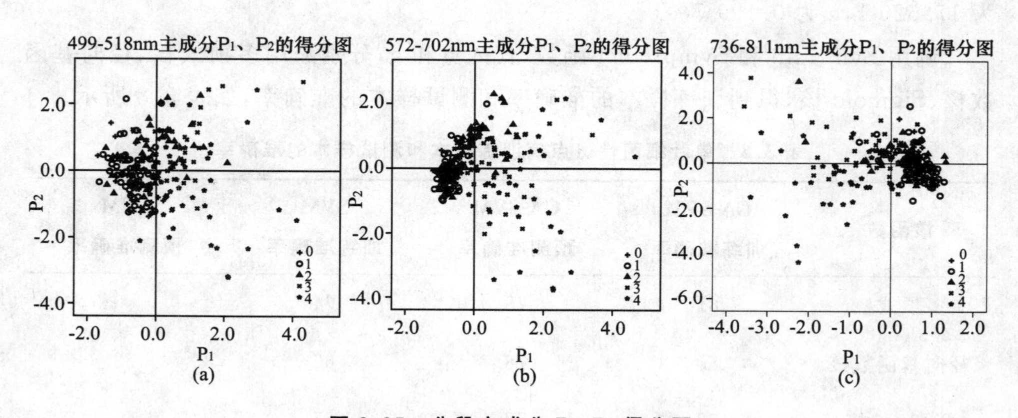

图3.25　分段主成分P_1、P_2得分图

如表3.7所示，499～518 nm、572～702 nm、736～811 nm的前5个主成分，累积贡献率达到99%，其中736～811 nm达到100%，第一主成分的方差贡献率最大，都在90%以上，736～811 nm第一主成分解释光谱信息达到99%，分别提取它们的前5个主成分作为GA-SVM模型的输入向量。

表 3.7 单叶细菌性斑点病原始光谱前5个主成分解释的变异百分比 %

敏感光谱区域	P_1	P_2	P_3	P_4	P_5	总和
499～518 nm	95.734	4.232	0.033	0.001	0.000	99.999
572～702 nm	93.888	5.682	0.281	0.109	0.030	99.990
736～811 nm	99.725	0.231	0.043	0.001	0.000	100

4. GA-SVM 模型的细菌性斑点病病害等级识别

选择 0 级、1 级、2 级、3 级、4 级样本各 30 个，共 150 个样本。其中各级中 20 个样本作为训练集，共 100 个样本，各级中 10 个样本作为测试集，共 50 个样本。利用 GA-SVM 模型对加工番茄单叶细菌性斑点病进行识别。

其中 GA 的参数中最大进化代数为 200，种群最大数量为 20，参数 c 的变化范围为(0,100]，参数 g 的变化范围为(0,1000]。适应度函数为分类准确率，得出 c 为 17.620 1，g 为 0.199 7。

调用 Svmtrain 和 Svmpredict 函数，代入 c 和 g，分别采用多项式核、径向基函数核、Sigmoid 核，得到训练样本的准确率和测试样本的准确率，如表 3.8 所示。

表 3.8 单叶细菌性斑点病训练样本和测试样本的准确率 %

核函数	GA-SVM 训练准确率	GA-SVM 预测准确率	SVM 训练准确率	SVM 预测准确率
多项式核	81	78	64	50
径向基函数核	80	78	66	52
Sigmoid 核	82	78	65	51

其中 Sigmoid 核的 GA-SVM 分类准确率最高，适应度曲线和测试集的实际分类和预测分类图如图 3.26 所示。在适应度曲线图中每代中有最佳适应度和平均适应度，终止代数为 100，种群数量为 20。在实际分类和预测分类图中，样本为 50 个，0 级中 0 个样本被预测错，1 级中 4 个样本被预测错，2 级中 3 个样本被预测错，3 级中 3 个样本被预测错，4 级中 0 个样本被预测错。GA-SVM 模型对加工番茄细菌性斑点病病害严重度 0 级和 4 级的识别精度比较高，对 0 级、2 级和 3 级有混分现象，主要是由于在病害初期的病情症状较轻，光谱反射率的变化比较小的

缘故。

对 GA-SVM 模型和 SVM 进行比较分析中，对训练数据和测试数据进行 SVM 分类，得到最高分类预测准确率为 52%，低于 GA-SVM 的预测准确率。

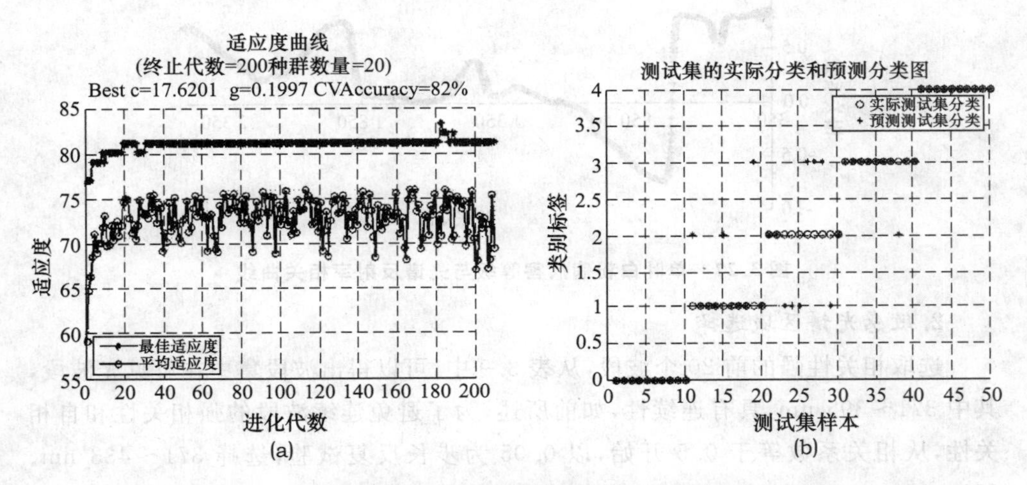

图 3.26　单叶细菌性斑点病适应度曲线图与实际和预测分类图

5. 基于 GA-SVM 的加工番茄单叶细菌性斑点病识别结果

通过加工番茄单叶细菌性斑点病光谱反射率数据和实测病害等级，对细菌性斑点病病害严重度进行识别，得到以下结果：

①加工番茄细菌性斑点病病害等级和光谱反射率的相关分析中，选取相关性较强的敏感光谱区域 499～518 nm、572～702 nm 和 736～811 nm，分别进行分段主成分分析，选取前 5 个主成分作为 GA-SVM 模型的输入向量。

②通过 GA 参数优化，得出 SVM 参数 c 为 17.6201，g 为 0.1997，采用多项式核、径向基函数核、Sigmoid 核分别对样本进行训练和预测，其中 Sigmoid 核的 GA-SVM 模型精度较高，训练准确率为 82%，预测准确率为 78%。

3.3.4　加工番茄单叶白粉病高光谱识别

1. 加工番茄单叶白粉病病害等级与光谱反射率的相关分析

对加工番茄单叶白粉病病害等级和光谱反射率进行相关分析，如图 3.27 所示，在 380～716 nm，病害等级与光谱反射率呈正相关，在 357 nm 相关系数最大为 0.862，在 717～1 110 nm，病害等级与光谱反射率呈负相关，在 749 nm 相关系数最小为−0.727，在 1 111～2 500 nm，病害等级与光谱反射率呈正相关，在 1 914 nm 相关系数最大为 0.756。

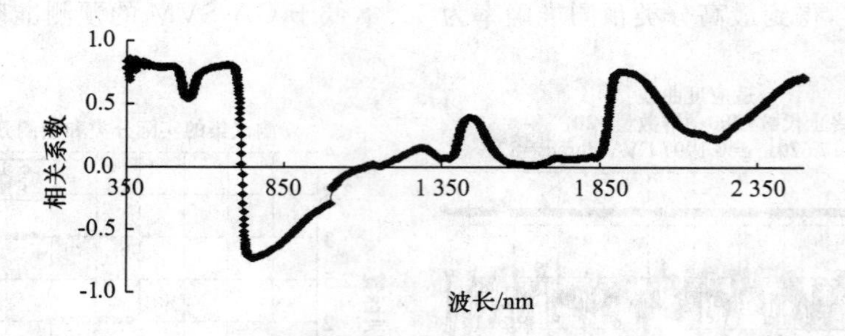

图 3.27 单叶白粉病病害等级与光谱反射率相关曲线

2. 敏感光谱区域选择

选取相关性强的前 20 个波段，从表 3.9 中，可以得出波段集中在可见光波段，其中 371～395 nm，具有连续性，如前所述，为了避免连续波段的强相关性和自相关性，从相关系数等于 0.5 开始，以 0.05 为步长反复试验，选择 371～433 nm、651～685 nm、1 908～1 933 nm 进行分段主成分分析。

表 3.9 单叶白粉病病害等级与敏感波段相关系数表

波段/nm	352	353	356	357	364	365	371	372	373	374
相关系数	0.831	0.842	0.834	0.862	0.844	0.835	0.831	0.838	0.841	0.842
波段/nm	375	378	379	380	381	382	383	395	402	411
相关系数	0.832	0.850	0.842	0.840	0.837	0.828	0.827	0.827	0.833	0.830

3. 主成分分析

分别对 371～43 3nm、651～685 nm、1 908～1 933 nm 进行主成分分析，如图 3.28 所示，横坐标表示的第 1 主成分得分值，纵坐标表示的第 2 主成分得分值，分段进行主成分分析，得出 0 级、1 级、2 级聚集在第二、三象限，3 级和 4 级分散在第一、四象限。

如表 3.10 所示，371～433 nm、651～685 nm、1 908～1 933 nm 的前 5 个主成分，累积贡献率达到 99%，其中 651～685 nm 达到 100%，第一主成分的方差贡献率最大，在 99%以上，651～685 nm 第一主成分解释光谱信息达到 99.915%。

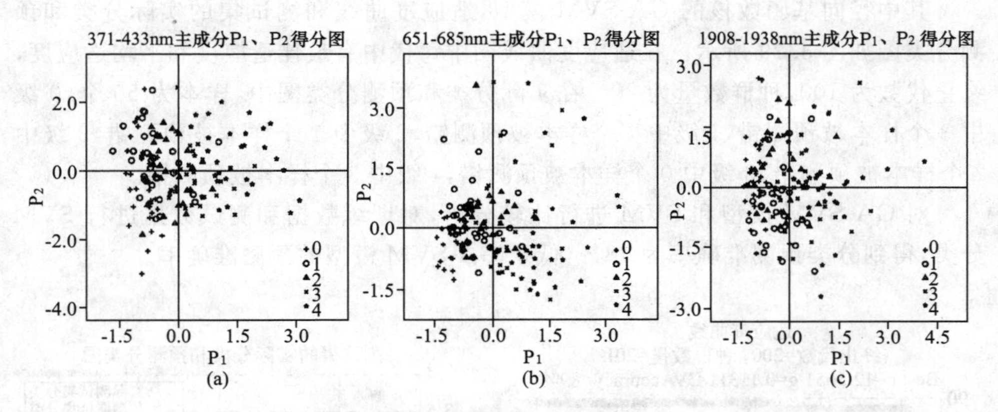

图 3.28 单叶白粉病原始光谱分段主成分 P_1、P_2 得分图

表 3.10　单叶白粉病原始光谱前 5 个主成分解释的变异百分比　　%

敏感光谱区域	P_1	P_2	P_3	P_4	P_5	总和
371～433 nm	99.138	0.427	0.139	0.056	0.045	99.805
651～685 nm	99.915	0.066	0.018	0.001	0.000	100
1 908～1 933 nm	99.972	0.016	0.002	0.002	0.002	99.994

4. GA-SVM 模型的白粉病病害等级识别

通过反复试验选择每个等级大致相等的样本，识别精度最高，选取共 150 个样本。其中每个等级 20 个作为训练样本，共 100 个样本，10 个作为测试样本，共 50 个样本。分别对 371～433 nm、651～685 nm、1 908～1 933 nm 提取前 5 个主成分，作为 GA-SVM 模型的输入向量。

具体的实现过程中，在 Matlab R2009a 中，调用 GA 和 SVM 工具箱，实现利用 GA 来优化 SVM 参数，c 为 12.565，g 为 0.1131。如表 3.11 所示，其中径向基函数核的预测准确率最高为 84％。

表 3.11　单叶白粉病训练样本和测试样本的准确率表　　%

核函数	GA-SVM 训练准确率	GA-SVM 预测准确率	SVM 训练准确率	SVM 预测准确率
多项式核	88	84	55	47
径向基函数核	89	84	56	48
Sigmoid 核	88	84	54	48

其中径向基函数核的 GA-SVM 模型，适应度曲线和测试集的实际分类和预测分类图如图 3.29 所示。在适应度曲线图中每代中有最佳适应度和平均适应度，终止代数为 100，种群数量为 20。在实际分类和预测分类图中，样本为 50 个，0 级中 3 个样本被预测错，1 级中 1 个样本被预测错，2 级中 1 个样本被预测错，3 级中 2 个样本被预测错，3 级中 0 个样本被预测错，4 级中 3 个样本被预测错。

对 GA-SVM 模型和 SVM 进行比较分析，对训练数据和测试数据进行 SVM 分类，得到分类预测准确率为 48%，低于 GA-SVM 模型的预测准确率。

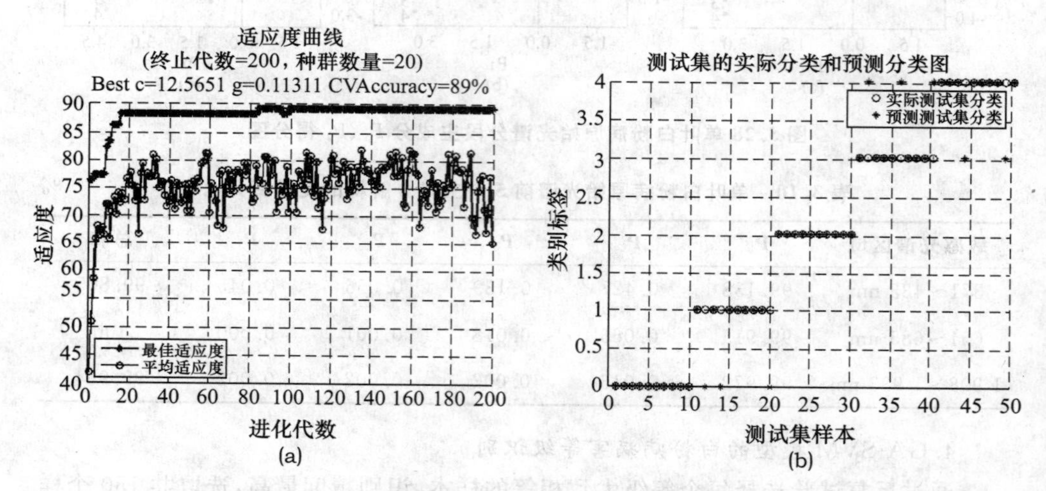

图 3.29　单叶白粉病适应度曲线与实际和预测分类图

5. 基于 GA-SVM 的加工番茄单叶白粉病识别结果

通过加工番茄单叶白粉病光谱反射率数据和实测病害等级，对白粉病病害严重度进行识别，得到以下结果：

①加工番茄白粉病病害等级和光谱反射率的相关分析中，选取相关性较强的敏感光谱区域 371～433 nm、651～685 nm、1 908～1 933 nm，分别进行主成分分析，选取前 5 个主成分作为 GA-SVM 模型的输入向量。

②通过 GA 参数优化，得出 SVM 的参数 c 为 12.565，g 为 0.1131，采用多项式核、径向基函数核、Sigmoid 核分别对样本进行训练和预测，其中径向基函数核的 SVM 模型精度较高，训练准确率为 89%，预测准确率为 84%。

3.4　加工番茄病害叶片色素含量估测

当加工番茄受病害胁迫时，叶片色素含量下降，影响加工番茄的光合作用，导致加工番茄的产量和品质下降；病叶色素含量的变化会在光谱上发生相应的改变。通过光谱数据对加工番茄病叶色素含量进行估测，可以帮助我们定量分析叶片内部结构变化的光谱响应特征，进一步加深遥感机理的理解。

PLS 算法主要特点可以归纳成以下几个方面：①PLS 是一种多个应变量对多个自变量的建模方法。当自变量集合内部存在较高程度的相关性时，用 PLS 法进行建模分析，其结论更加可靠，整体性更强。②PLS 法可较好地解决自变量之间的多重相关性问题和样本点容量不宜太少等问题。③PLS 可以实现多种数据分析方法的综合应用。它可以集多元线性分析、主成分分析和典型相关分析的基本功能为一体。在一次 PLS 分析计算后，不但可以得到多因变量对多自变量的模型，而且可以分析 2 组变量之间的相关关系，以及观察样本点的相似性结构。这使得数据系统的分析内容更加丰富，同时还可以对所建立模型给予许多更详细深入的实际解释。

PLS 算法估测加工番茄色素含量的优势为：

(1)PLS 采用成分提取法，不仅仅是对光谱数据的概括，也是对色素含量信息的解释。如果只对光谱数据进行信息提取，缺乏对色素含量的解释能力。PLS 的成分提取，从自变量 $X=[x_1,\cdots,x_p]_{n\times p}$ 和因变量 $Y=[y_1,\ldots,y_q]_{n\times q}$ 中提取成分 t_1 和 u_1，t_1 和 u_1 相关程度达到最大，同时尽可能多的携带各自数据表中的变异信息，反复迭代提取，直到方程达到满意的精度。所以，PLS 在概括自变量系统的同时，最大限度地解释因变量，并排除系统中的噪声干扰。

(2)PLS 成分提取可以克服多重相关性造成的信息重叠，使色素含量的估测更准确。当病叶的色素含量下降时光谱反射率存在共同降低的趋势，说明自变量原始光谱反射率、微分光谱和反对数光谱反射率存在多重相关性。

(3)PLS 是一种多因变量对多自变量的建模方法。在加工番茄色素含量的估测中，因变量即色素含量包括了 Chl. a＋b，Chl. a、Chl. b 和 Cars，自变量即色素光谱变量特征参数，正是多自变量对多因变量的关系。因此，选择 PLS 对细菌性斑点病和白粉病的色素含量进行估测。

但是，PLS 不能对自变量进行优选，也就是不能对色素光谱变量特征参数进行优选，故在后续的研究中，通过敏感光谱，光谱特征参数和统计学中的 R^2、t 值、F 值检验，对光谱即自变量进行选择。

一元线性、对数、指数回归是统计学中最基本的方法，是其他回归分析方法的基础和起点。选择最基本的线性、对数、指数回归对加工番茄早疫病色素含量进行估测。

3.4.1 加工番茄单叶病害色素含量估测算法

偏最小二乘法(partial least squares algorithm，简称 PLS)模型利用成分提取解决了自变量中多重相关性问题。自变量 X 经标准化处理后的数据矩阵为 $E_0=(E_{01},\cdots,E_{0p})_{n\times p}$，因变量 Y 经标准化处理后的数据矩阵为 $F_0=(F_{01},\cdots,F_{0q})_{n\times q}$。

记 t_1 是 E_0 的第一个成分，$t_1=E_0w_1$, w_1 是 E_0 的第一个轴，它是一个单位向量，即 $\|w_1\|=1$。

记 u_1 是 F_0 的第一个成分，$u_1=F_0c_1$, c_1 是 F_0 的第一个轴，它是一个单位向量，即 $\|c_1\|=1$。

因为 t_1，u_1 代表 X 与 Y 中的数据变异信息，则

$$\mathrm{Var}(t_1)\rightarrow\max$$

$$\mathrm{Var}(u_1)\rightarrow\max$$

又因为 t_1 对 u_1 有最大的解释能力，则

$$\max_{w_1,c_1}\langle E_0w_1,F_0c_1\rangle \tag{3.14}$$

$$s.t\begin{cases}w_1,w_1=1\\c_1,c_1=1\end{cases} \tag{3.15}$$

因此，在 $\|w_1\|^2=1$ 和 $\|c_1\|^2=1$ 的约束条件下，求$(w_1'E_0'F_0c_1)$的最大值。

采用拉格朗日算法，得

$$s=w_1'E'_0F_0c_1-\lambda_1(w_1'w_1-1)-\lambda_2(c_1'c_1-1) \tag{3.16}$$

对 s 分别求关于 w_1，c_1，λ_1，λ_2 的偏导，并令之为零，得

$$E_0'F_0F_0'E_0w_1=\theta_1^2w_1 \tag{3.17}$$

$$F_0'E_0E_0'F_0c_1=\theta_1^2c_1 \tag{3.18}$$

可见，w_1 是矩阵 $E_0'F_0F_0'E_0$ 的特征向量，对应的特征值为 θ_1^2。c_1 对应矩阵 $F'_0E_0E_0'F_0$ 最大特征值 θ_1^2 的单位特征向量。

求得轴 w_1 和 c_1 后，即可得到 t_1 和 u_1。

得到 E_0 和 F_0 对 t_1 和 u_1 的三个回归方程：

$$E_0=t_1p_1'+E_1 \tag{3.19}$$

$$F_0 = u_1 q_1' + F_1^* \tag{3.20}$$

$$F_0 = t_1 r_1' + F_1 \tag{3.21}$$

得到回归系数向量为

$$p_1 = \frac{E_0' t_1}{||t_1||^2} \tag{3.22}$$

$$q_1 = \frac{F_0' u_1}{||u_1||^2} \tag{3.23}$$

$$r_1 = \frac{F_0' t_1}{||t_1||^2} \tag{3.24}$$

用残差矩阵 E_1 和 F_1 取代 E_0 和 F_0，求第二个轴 w_2 和 c_2 以及第二个成分 t_2，u_2，如此计算下去，如果 X 的秩是 A，则会有

$$E_0 = t_1 p_1' + \cdots + t_A P_A' \tag{3.25}$$

$$F_0 = t_1 r_1' + \cdots + t_A r_A' + F_A \tag{3.26}$$

最后得到

$y_k{}^* = a_{k1} x_1^* + \cdots + a_{kp} x_p^* + F_{AK}$，$k=1,2,\cdots,q$，$F_{AK}$ 是残差矩阵 F_A 的第 k 列　(3.27)

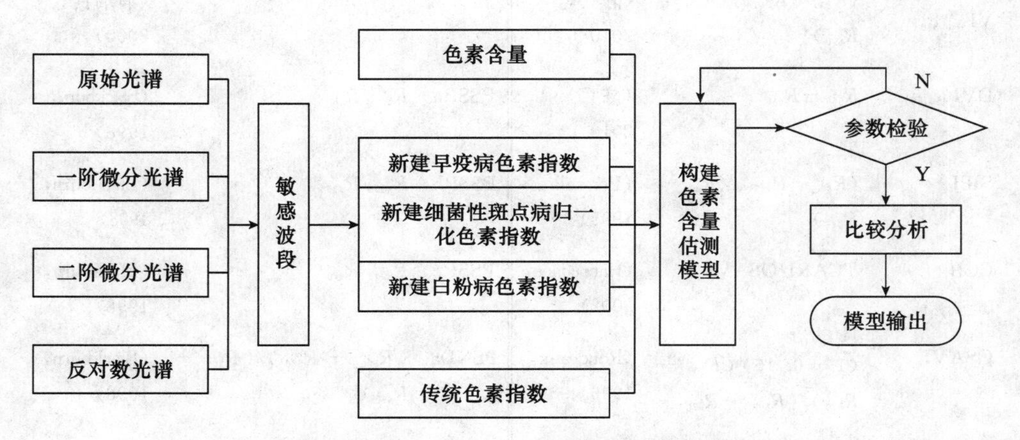

图 3.30　加工番茄单叶病害色素含量估测算法

如图 3.30 所示，对三种病害的原始光谱、一阶微分光谱、二阶微分光谱和反对数光谱与色素含量进行相关分析，寻找色素含量的敏感光谱。通过敏感光谱分别

建立早疫病色素指数、细菌性斑点病归一化色素指数和白粉病色素指数。对三种病害的色素指数与色素含量构建病害诊断模型，与传统色素指数模型进行比较，确定三种病害色素含量的最佳模型。

3.4.2 加工番茄单叶早疫病色素含量高光谱估测

1. 加工番茄早疫病色素含量光谱变量特征参数

利用 Viewspec Program 软件处理得到病叶的光谱反射率值，在前人研究的基础上，结合加工番茄病叶敏感光谱建立加工番茄早疫病特征参数(表 3.12)。统计分析采用 EXCEL 2007 和 SPSS17.0 软件进行。

表 3.12 早疫病色素光谱变量特征参数表

参数	定义	引用	参数	定义	引用
R_{550}	R_{550}对应的光谱反射率	(陈兵，2010)	D_r	红边覆盖 670～737 nm 内一阶微分波段中最大波段值	(浦瑞良，2000)
R_{680}	R_{680}对应的光谱反射率	(陈兵，2010)	λ_r	λ_r 是 D_r 对应的波长位置(nm)	(浦瑞良，2000)
$NDVI_{[670,890]}$	$(R_{890}-R_{670})/(R_{890}+R_{670})$	(陈兵，2010)	SDr	红边内一阶微分值总和	(浦瑞良，2000)
$DVI_{[450,560]}$	$R_{560}-R_{450}$	(陈兵，2010)	PSSRa	R_{800}/R_{680}	(Blackburn，1998)
SIPI	$(R_{800}-R_{445})/(R_{800}-R_{445})$	(Penuelas，1995)	PSSRb	R_{800}/R_{635}	(Blackburn，1998)
CCII	TCARI/OSAVI	(Haboudane，2002)	PSSRc	R_{800}/R_{470}	(Blackburn，1998)
OSAVI	$(1+0.16)(R_{800}-R_{670})/(R_{800}+R_{670}+0.16)$	(Rondeaux，1996)	PSNDa	$(R_{800}-R_{680})/(R_{800}+R_{680})$	(Blackburn，1998)
TCARI	$3[(R_{700}-R_{670})-0.2(R_{700}-R_{550})(R_{700}/R_{670})]$	(Kim，1994)	PSNDb	$(R_{800}-R_{635})/(R_{800}+R_{635})$	(Blackburn，1998)

续表

参数	定义	引用	参数	定义	引用
$PRI_{[570,530]}$	$(R_{570}-R_{530})/(R_{570}+R_{530})$	((Peuelas, 1997)	PSNDc	$(R_{800}-R_{470})/(R_{800}+R_{470})$	(Blackburn, 1998)
$PPR_{[550,450]}$	$(R_{550}-R_{450})/(R_{550}+R_{450})$	(Penuelas, 1997)	Rch	$(R_{640}-R_{673})/R_{673}$	(陈兵, 2010)
$NDVI^{*}_{[FD_{686},FD_{664}]}$	$(FD_{664}-FD_{686})/(FD_{664}+FD_{686})$	新建	*R*gave	绿峰 552～560 nm 反射率的平均值	(浦瑞良, 2000)
$DVI^{*}_{[FD_{686},FD_{664}]}$	$FD_{664}-FD_{686}$	新建			
$NDVI^{*}_{[601,769]}$	$(R_{769}-R_{601}/(R_{769}+R_{601})$	新建	FD^{*}_{664}	R_{664} 一阶微分对应的光谱反射率	新建
$DVI^{*}_{[601,769]}$	$R_{769}-R_{601}$	新建	R^{*}_{769}	R_{769} 对应的光谱反射率	新建

2. 加工番茄单叶早疫病色素含量分析

加工番茄早疫病病叶共 120 个样本。按照病害严重度等级(0 级、1 级、2 级、3 级、4 级)进行从小到大编号(1－120),每个样本对应一组色素含量(Chl. a、Chl. b、Cars、Chl. a＋b)。从图 3.31 可以看出,病叶色素含量随着病害严重度加重,Chl. a＋b 含量减小率最大,Cars 含量减小率最小。病叶 Chl. a＋b 含量比较高,其次是 Chl. a含量,Cars 和 Chl. b 含量相对来说比较低。充分说明病叶色素含量变化有差异,可以利用光谱方法进行估算。

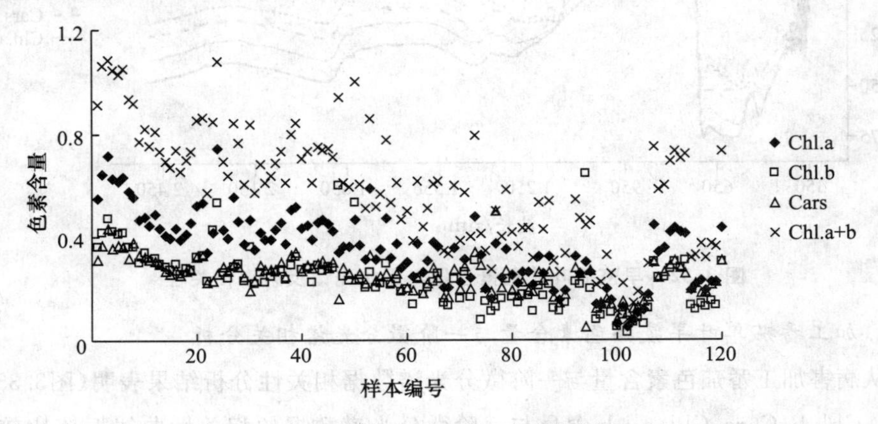

图 3.31　早疫病叶片色素含量图

3.加工番茄单叶早疫病色素含量与原始光谱反射率相关分析

从图3.32病害加工番茄叶片色素含量与原始光谱反射率相关性分析，可以看出Chl.a含量与原始光谱反射率相关系数曲线振幅比较大，Chl.a+b、Cars、Chl.b含量与原始光谱反射率相关曲线的振幅从高到低依次排列。400～718 nm，Chl.a、Chl.b、Chl.a+b、Cars含量与原始光谱反射率呈负相关。在601nm，Chl.a与原始光谱的相关系数最小为-0.753。“红肩”表现比较明显，Chl.a、Chl.a+b、Cars、Chl.b含量与原始光谱反射率相关曲线“红肩”从陡到缓依次排列。724～1 019 nm，Chl.a、Chl.b、Chl.a+b、Cars与原始光谱反射率呈正相关。在769 nm，Chl.a与原始光谱的相关系数最大为0.459。1200～2500 nm，Chl.b含量与反射率为负相关，Chl.a含量与反射率在1 131nm由正相关转到负相关，Chla+b含量与反射率在1 192 nm也由正相关转向负相关，Chl.a含量与反射率在1 095nm由正相关转到负相关。其中在1 103～1 133 nm，Chl.a、Chl.b、Cars、Chl.a+b含量与反射率相关性呈垂直下降。可见光和近红外区是病害加工番茄Chl.a、Chl.b、Cars、Chl.a+b含量敏感光谱区域，用原始光谱反射率对病害加工番茄色素估测是可行的。

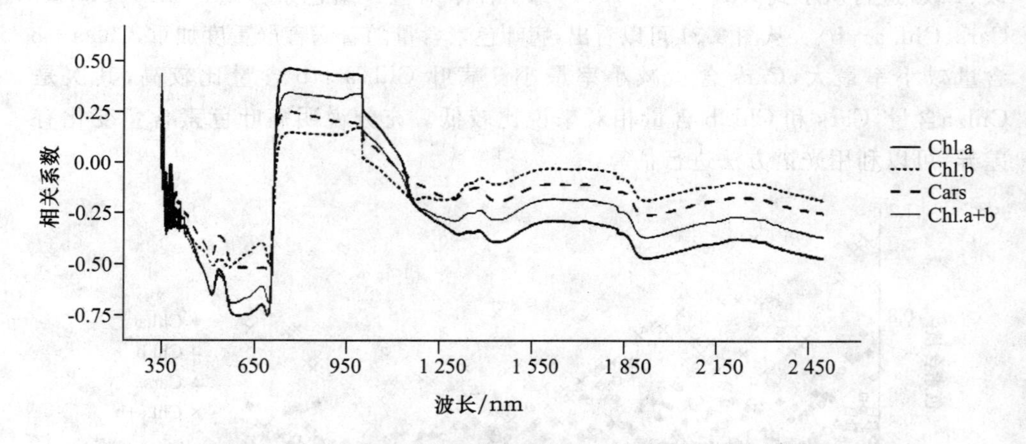

图3.32 早疫病叶片色素含量与原始光谱反射率相关性

4.加工番茄单叶早疫病色素含量与一阶微分光谱相关分析

从病害加工番茄色素含量与一阶微分光谱数据相关性分析结果表明(图3.33)，Chl.a、Chl.b、Cars、Chl.a+b含量与一阶微分光谱数据的相关性曲线振荡比较密集，因此选取相关系数0.5作为边界值。Chl. a含量与一阶微分光谱数据相关系数大于0.5在639～670 nm、703～749 nm、1 459～1 547 nm、2 054 nm、2 060～2 061 nm、2 066 nm、2 069 nm、2 076～2 077 nm、2 081～2 082 nm、2 088～2 089 nm、2 096～2 097 nm、2 103～2 104 nm、2 114 nm、2 122～2124 nm、2 143～2 144 nm，其中 R_{664} 的Chl. a含量与一阶微分光谱数据的相关系数最大为0.7。Chl. a＋b含量与一阶微分光谱数据相关系数大于0.5在639～670 nm、714～749 nm、1 458～1 509 nm、2 053～2 054 nm、2 060～2 061 nm、2 066～2 069 nm、2 081～2 082 nm、2 104 nm、2 123～2 124 nm、2 143～2 144 nm。Chl. b、Cars含量与一阶微分光谱数据相关系数大于0.5只有两个波段，Chl. b含量为1 461 nm、1 464 nm，Cars含量为2 054 nm、2 088 nm。因此，可见光波段和近红外波段是加工番茄Chl. a和Chl. a＋b色素含量微分光谱敏感区，Chl. b和Cars只在近红外波段有敏感光谱，比原始光谱更敏感，微分光谱可以对加工番茄色素含量估测。

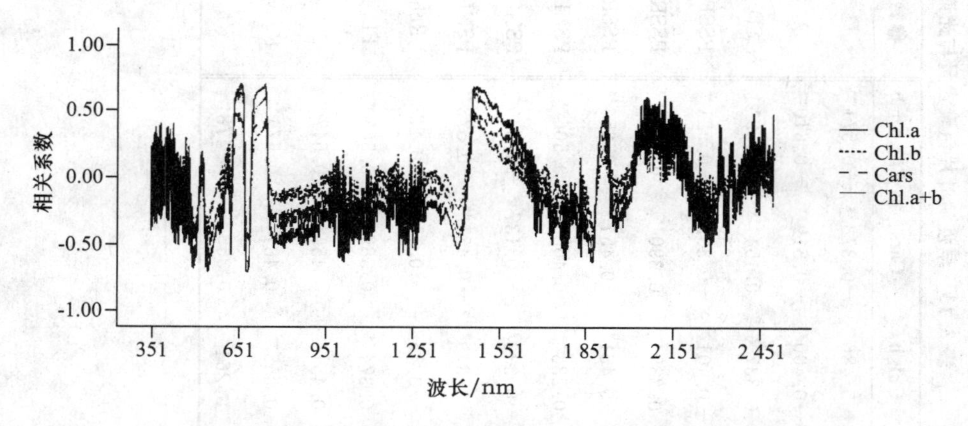

图3.33　病害加工番茄叶片色素含量与一阶微分光谱反射率相关性

5. 加工番茄单叶早疫病色素含量与光谱特征参数相关分析

相关分析表明(表3.13)，Chl. a、Chl. b、Cars、chl. a＋b含量与SIPI、OSAVI、$NDVI_{[FD_{686},FD_{664}]}$、$DVI_{[FD_{686},FD_{664}]}$、NDVI[601，769]、$DVI_{[601,769]}$、$D_r$、$\lambda_r$、$SD_r$、PSSRa、PSSRb、PSSRc、PSNDa、PSNDb、PSNDc、FD_{664}、R_{769}光谱特征参数呈正相关，其中 $DVI_{[FD_{686},FD_{664}]}$ 与Chl.a含量相关系数最大。R_{550}、R_{680}、$NDVI_{[670,890]}$、$DVI_{[450,560]}$、CCII、TCARI、$PRI_{[570,530]}$、$PPR_{[550,450]}$、Rch、Rgave与Chl. a、Chl. b、Chl. a＋b、Cars含量呈负相关，Chl. b含量与 R_{550} 相关系数最

表 3.13　早疫病叶片色素含量与光谱特征参数反射率相关性

参数	Chl. a	Chl. b	Cars	Chl. a+b	参数	Chl. a	Chl. b	Cars	Chl. a+b
R_{550}	−0.552**	−0.486**	−0.378**	−0.571**	D_r	0.594**	0.264*	0.355**	0.478**
R_{680}	−0.699**	−0.400**	−0.519**	−0.610**	λ_r	0.572**	0.331**	0.317**	0.501**
$NDVI_{[670,890]}$	−0.667**	0.337**	0.454**	0.559**	SD_r	0.528**	0.197	0.323**	0.406**
$DVI_{[450,560]}$	−0.544**	−0.401**	−0.339**	−0.521**	PSSRa	0.659**	0.375**	0.415**	0.574**
SIPI	0.623**	0.339**	0.390**	0.535**	PSSRb	0.687**	0.401**	0.423**	0.603**
CCII	−0.705**	−0.481**	−0.451**	−0.656**	PSSRc	0.633**	0.375**	0.390**	0.560**
OSAVI	0.623**	0.283**	0.406**	0.506**	PSNDa	0.644**	0.305**	0.432**	0.529**
TCARI	−0.254*	−0.333**	−0.137	−0.320**	PSNDb	0.679**	0.345**	0.437**	0.570**
$PRI_{[570,530]}$	−0.681**	−0.349**	−0.431**	−0.573**	PSNDc	0.637**	0.349**	0.402**	0.548**
$PPR_{[550,450]}$	−0.244*	−0.168	−0.114	−0.228*	Rch	−0.480**	−0.348**	0.228*	−0.457**
$NDVI_{[FD_{686},FD_{664}]}$	0.641**	0.374**	0.389**	0.563**	FD_{664}	0.691**	0.423**	0.432**	0.563**
$DVI_{[FD_{686},FD_{664}]}$	0.718**	0.451**	0.456**	0.647**					
$NDVI_{[601,769]}$	0.683**	0.355**	0.431**	0.575**	Rgave	−0.586**	−0.498**	−0.401**	−0.228*
$DVI_{[601,769]}$	0.594*	0.264*	0.355 *	0.478*	R_{769}	0.460**	0.147	0.249*	0.341**

小。同一光谱特征参数中，Chl.a 和 Chl.a+b 含量与 R_{550} 相关性均优于 Chl.b 和 Cars 含量与其相关性。新建光谱特征参数与色素相关性都比较显著，$DVI_{[FD_{686},FD_{664}]}$ 与色素的显著性最高。因此，用高光谱特征参数估测病害加工番茄的色素是可行的。

6. 加工番茄早疫病色素含量的高光谱估算模型

为了提高色素高光谱估测精度，从表 3.14 光谱特征参数中选出了6个极显著相关的参数，R_{680}、FD_{664}、CCII、PSSRb、PSNDc、$DVI_{[FD_{686},FD_{664}]}$。以 80 个样本作为训练样本，建立加工番茄色素含量线性、对数、指数估测模型。

由表 3.14 分析，最佳模型的选择标准是决定系数 R^2 通过显著性检验，同时 F 值要最大。因此，Chl. a 含量估测，线性模型最佳，Chl. b、Cars、Chl. a+b 含量估测最佳模型为指数模型。不同光谱参数建立最佳模型时，所选择的模型类型也不相同。总体来看，各变量的指数模型比线性和对数模型要佳。光谱变量 R_{680}、CCII 为线性模型，PSSRb、PSNDc、FD_{664}、$DVI_{[FD_{686},FD_{664}]}$ 变量为指数模型。

7. 加工番茄早疫病色素含量估算模型精度检验

加工番茄早疫病病叶 40 个样本作为检验样本对模型精度进行检验。表 3.15 列出了高光谱特征变量估测色素含量的模型及误差分析。从表 3.15 可知，Chl.a、Chl.b、Cars 色素含量高光谱估测模型拟合 R^2 通过了 0.01 极显著性检验水平，Cars 未通过 0.01 极显著性检验水平，加工番茄早疫病病叶高光谱特征变量拟合 Cars 色素含量精度比较低。R_{680}、$DVI_{[FD_{686},FD_{664}]}$ 对Chl.a、Chla+b 含量的估测精度较高，模型的预测 R^2 为 0.812 和 0.630，相对误差都不到 20%。因此，R_{680}、$DVI_{[FD_{686},FD_{664}]}$ 对 Chl.a、Chl.a+b 含量的估测模型为最佳估测模型。

8. 加工番茄早疫病色素含量估测结果

加工番茄病叶光谱反射率，一阶微分光谱与 Chl. a 和 Chl. a+b 含量在可见光和近红外波段均有敏感波段，而 Cars、Chl. b 只在近红外有两个波段。这与前人的研究结果不同，陈兵等(2010)研究棉花枯萎病时，Chl. a+b、Chl. b、Chl. a 含量在可见光和近红外有敏感波段，Cars 在整个可见光到近红外波段与一阶微分光谱相

表 3.14　加工番茄光谱特征参数分析

色素	模型	自变量											
		R_{680}		CCII		PSSRb		PSNDc		FD_{664}		$DVIFD_{686}$,FD_{664}	
		R^2	F	R^2	F	R^2	F	R^2	F	R^2	F	R^2	F
Chl. a	线性	0.689**	77.398	0.697**	79.955	0.671**	62.226	0.606**	55.417	0.607**	73.816	0.716**	86.298
	对数	0.679**	74.526	0.688**	77.058	0.675**	73.376	0.597**	53.288				
	指数	0.731**	91.751	0.735**	93.103	0.687**	76.950	0.621**	58.834	0.731**	91.825	0.767**	106.190
Chl. b	线性	0.360**	15.391	0.431**	24.336	0.361**	15.502	0.322 *	11.220	0.379**	17.609	0.404**	20.635
	对数	0.276**	17.259	0.425**	23.497	0.338 *	12.934	0.312 *	10.197				
	指数	0.493**	34.576	0.605**	55.208	0.588**	32.771	0.412**	21.745	0.562**	45.886	0.590**	51.826
Cars	线性	0.469**	29.842	0.403**	20.657	0.279**	17.611	0.362**	15.609	0.387**	18.584	0.408**	21.300
	对数	0.441**	25.746	0.392**	19.222	0.290**	18.975	0.360**	15.419				
	指数	0.533**	40.412	0.438**	25.285	0.423**	23.217	0.406**	20.970	0.446**	26.366	0.456**	27.805
Chl. a＋b	线性	0.572**	48.011	0.630**	61.151	0.564**	46.386	0.501**	34.810	0.580*	49.719	0.619**	58.421
	对数	0.580**	49.624	0.621**	58.791	0.548**	43.159	0.488**	32.727				
	指数	0.635**	63.333	0.696**	79.626	0.606**	55.389	0.533**	40.464	0.664**	70.209	0.702**	81.597

注：* 表示 0.05 显著水平；** 表示 0.01 极显著水平

表3.15 早疫病色素含量估算模型精度检验

色素	模型	拟合 R^2	预测 R^2	均方根误差	相对误差/%
Chl.a	$Y=1.232e^{-13.110(R_{680})}$	0.647**	0.812*	0.072	19.37
	$Y=1.184e^{-2.484(CCII)}$	0.527**	0.444**	0.066	17.57
	$Y=65.487\ DVI_{[FD_{686},FD_{664}]}+0.550$	0.580**	0.284	0.069	17.79
Chl.b	$Y=1.113e^{-3.212(CCII)}$	0.539**	0.446**	0.085	22.67
	$Y=0.350e^{922.601(FD_{664})}$	0.572**	0.404**	0.092	26.03
	$Y=0.436e^{229.268(DVI[FD_{686},FD_{664}])}$	0.567**	0.445**	0.091	25.28
Cars	$Y=-0.825R_{680}+0.334$	0.251	0.907**	0.053	17.03
	$Y=0.364e^{-3.962(R_{680})}$	0.287	0.902**	0.051	17.51
	$Y=0.318e^{-0.502(CCII)}$	0.228	0.292	0.056	18.30
Chl.a+b	$Y=2.117e^{-2.676(CCII)}$	0.554**	0.424**	0.129	19.20
	$Y=0.830e^{767.292(FD_{664})}$	0.588**	0.389**	0.143	20.02
	$Y=1.011e^{195.810DVI[FD_{686},FD_{664}]}$	0.603**	0.630**	0.141	19.72

注：* 表示0.05显著水平；** 表示0.01极显著水平

关不显著。蒋金豹等(2007)研究冬小麦病害受胁迫的色素含量，Chl. b、Chl. a、Cars含量与一阶微分光谱相关系数变化规律具有相似性。主要是因为不同作物病害病理不同导致光谱响应也不同。加工番茄早疫病病菌为昼夜产孢型，光照能诱发孢子梗的形成，病部较硬，密生黑色霉层。棉花枯萎病病菌一般在气生菌丝上形成，很少在分生孢子座上形成，症状主要是苗期黄色网纹型、黄化及紫红型病柱最后是皱缩型病株(董金皋等，2001)。冬小麦条锈病是一种寄生性真菌病害，其病菌孢子借空气而传播主要危害叶片，其次为叶鞘、秆、穗，它的病斑小，圆形，沿叶脉平行排列成整齐的条状。利用光谱特征参数估测色素含量，与前人的研究相似，组合波段估测精度总体上优于单波段，新建光谱参数均优于传统光谱特征参数。新建光谱特征参数 $DVI_{[FD_{686},FD_{664}]}$ 估测 Chl. a＋b 含量模型精度优于其他参数，而其他新建光谱特征参数拟合模型精度高于传统特征参数，而检验精度却低于传统参数。说明新建参数估测色素含量模型不稳固，需要进一步的研究。

通过分析加工番茄早疫病病叶光谱特征，实测病叶色素含量，建立加工番茄早疫病高光谱色素含量模型。得出以下几个结论：

①在不同病害严重度加工番茄早疫病色素含量数据分析中得出，随着病害严重度加重色素含量降低。在色素含量与原始光谱相关性分析中，718～1 133nm，Chl. a、Chl. b、Cars、Chl. a＋b 含量与原始光谱反射率呈正相关，400～718nm、1 161～2 500 nm，Chl. a、Chl. b、Cars、Chl. a＋b 含量与原始光谱反射率呈负相关。在色素含量与一阶微分光谱相关性分析中，可见光和近红外波段是加工番茄Chl. a 和 Chl. a＋b 色素含量微分光谱敏感区，Chl. b 和 Cars 只在近红外区有敏感光谱。

②通过光谱特征参数与色素含量相关分析选取极显著相关的六个参数，R_{680}、CCII、PSSR、PSNDc、FD_{664}、$DVI_{[FD_{686},FD_{664}]}$。Chl. a 含量估测时线性模型最佳，Chl. b、Cars、Chl. a＋b 含量估测最佳模型为指数模型。

③经过模型检验，R_{680}、$DVI_{[FD_{686},FD_{664}]}$ 对 Chl. a 、Chl. a＋b 含量的估测精度较高，模型的预测 R^2 为 0. 812 和 0. 630，相对误差都不到 20%。因此，R_{680}、$DVI_{[FD_{686},FD_{664}]}$ 对 Chl. a 、Chl. a＋b 含量的估测模型为最佳估测模型。

3.4.3 加工番茄单叶细菌性斑点病色素含量高光谱估测

1. 加工番茄细菌性斑点病归一化色素指数

选取色素强烈吸收带的 400～800 nm 作为光谱研究对象。如表 3.16 所示为植被色素含量估测采用的归一化指数以及新建加工番茄细菌性斑点病的归一化色素指数的定义表。在数据分析过程中，主要采用 SPSS 17. 0 软件和 SIMCA-P11. 5 软件，SPSS 17. 0 软件主要完成数据的统计分析，SIMCA-P 11. 5 实现偏最小二乘法。

表 3.16　归一化色素指数定义表

归一化指数	定义	出处	归一化指数	定义	出处
$PSND_a$	$(R_{800}-R_{680})/(R_{800}+R_{680})$	(Blackburn，1998)	mND_{705}	$(R_{750}-R_{705})/(R_{750}+R_{705}-2R_{445})$	(Sims，2002)
$PSND_b$	$(R_{800}-R_{635})/(R_{800}+R_{635})$	(Blackburn，1998)	mSR_{705}	$(R_{750}-R_{445})/(R_{705}-R_{445})$	(Sims，2002)
$PSND_c$	$(R_{800}-R_{470})/(R_{800}+R_{470})$	(Blackburn，1998)	$NDVI_{V1}$	$(R_{734}-R_{747})/(R_{715}+R_{726})$	(Vogelmann，1993)
NDI	$(R_{750}-R_{705})/(R_{750}+R_{705})$	(Gitelson，1994)	$NDVI_{V2}$	$(R_{734}-R_{747})/(R_{715}+R_{720})$	(Vogelmann，1993)
GNDVI	$(R_{780}-R_{550})/(R_{780}+R_{550})$	(Gitelson，1996)	$NDVI_{[766,699]}$	$(R_{766}-R_{699})/(R_{766}+R_{699})$	新建
NPCI	$(R_{680}-R_{430})/(R_{680}+R_{430})$	(Penuelas，1994)	$NDVI_{[766,702]}$	$(R_{766}-R_{702})/(R_{766}+R_{702})$	新建
SIPI	$(R_{800}-R_{445})/(R_{800}+R_{445})$	(Penuelas，1995)	$NDVI_{[FD_{746},FD_{497}]}$	$(R_{FD_{746}}-R_{FD_{497}})/(R_{FD_{746}}+R_{FD_{497}})$	新建
PRI	$(R_{531}-R_{570})/(R_{531}+R_{570})$	(Penuelas，1997)	$NDVI_{[FD_{738},FD_{497}]}$	$(R_{FD_{738}}-R_{FD_{497}})/(R_{FD_{738}}+R_{FD_{497}})$	新建
NPQI	$(R_{415}-R_{435})/(R_{415}+R_{435})$	(Barnes，1992)	$NDVI_{[SD_{698},SD_{684}]}$	$(R_{SD_{698}}-R_{SD_{684}})/(R_{SD_{698}}+R_{SD_{684}})$	新建
$NDVI_Z$	$(R_{774}-R_{677})/(R_{774}+R_{677})$	(Zarco － Tejada，2001)	$NDVI_{[SD_{699},SD_{685}]}$	$(R_{SD_{699}}-R_{SD_{685}})/(R_{SD_{699}}+R_{SD_{685}})$	新建
$NDVI_M$	$(R_{780}-R_{710})/(R_{780}-R_{680})$	(Maccioni，2001)			

2. 不同等级病叶的光谱特征分析

在图 3.34 中,取不同等级病叶的色素含量和光谱反射率的平均值,可以得出随着病情的加重,色素含量降低。不同等级的病叶光谱反射率差异比较明显。在可见光波段,随着病害的加重光谱反射率上升,主要是因为在可见光波段叶绿素、类胡萝卜素和黄色素吸收紫外光和蓝紫光,当叶片被细菌性斑点病胁迫时,色素含量降低,病叶对光谱的吸收减弱反射增强。随着病情的加重,红边向短波方向移动。在近红外的水分吸收带,随着病害的加重光谱反射率上升。因此,通过光谱分析,对细菌性斑点病病叶色素含量进行估测具有可行性。

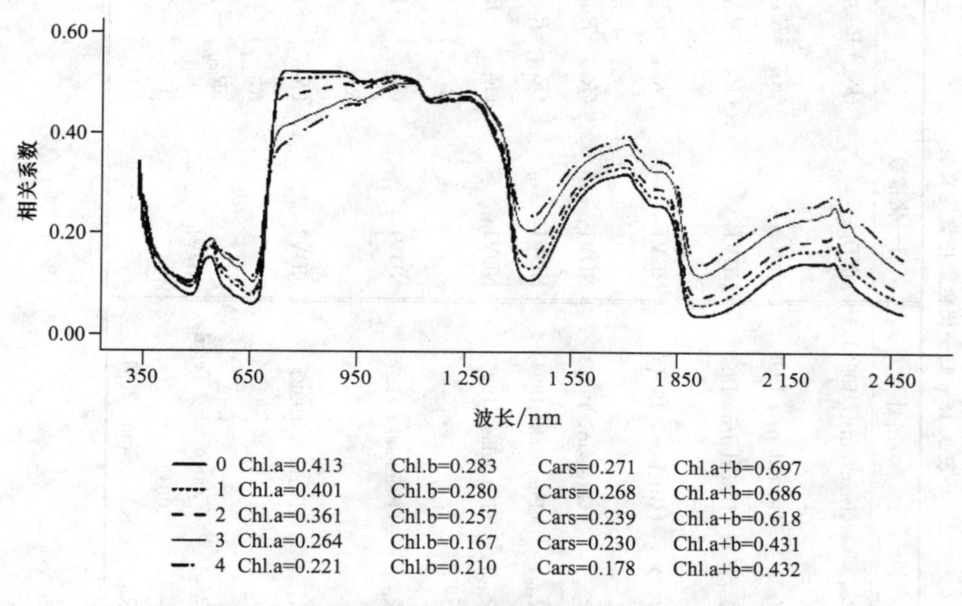

图 3.34 细菌性斑点病不同等级病叶的光谱特征分析

3. 加工番茄单叶细菌性斑点病色素含量与光谱数据的相关分析

如图 3.35 所示,从整体上看,一阶、二阶光谱数据与色素含量的相关曲线频率比原始光谱、反对数光谱相关曲线大。其原因是一阶、二阶函数反映的是单位波长反射率的变化,而反对数是原始光谱反射率导数的对数,因此反对数光谱曲线更依赖于原始光谱反射率,一阶、二阶光谱更依赖于原始光谱反射率的变化率。为了避免信息冗余,选择图 3.35 中波峰和波谷即相关性较强,对应的波段为敏感波段,原始光谱反射率与色素含量的敏感波段为 699 nm、702 nm、766 nm;一阶光谱与色素含量的敏感波段为 495 nm、497 nm、661 nm、738 nm、746 nm；二阶光谱与色素含量的敏感波段为 683 nm、684 nm、685 nm、698 nm、699 nm；反对数光谱与色素含量的敏感波段为 702 nm、704 nm、761 nm、762 nm、766 nm。

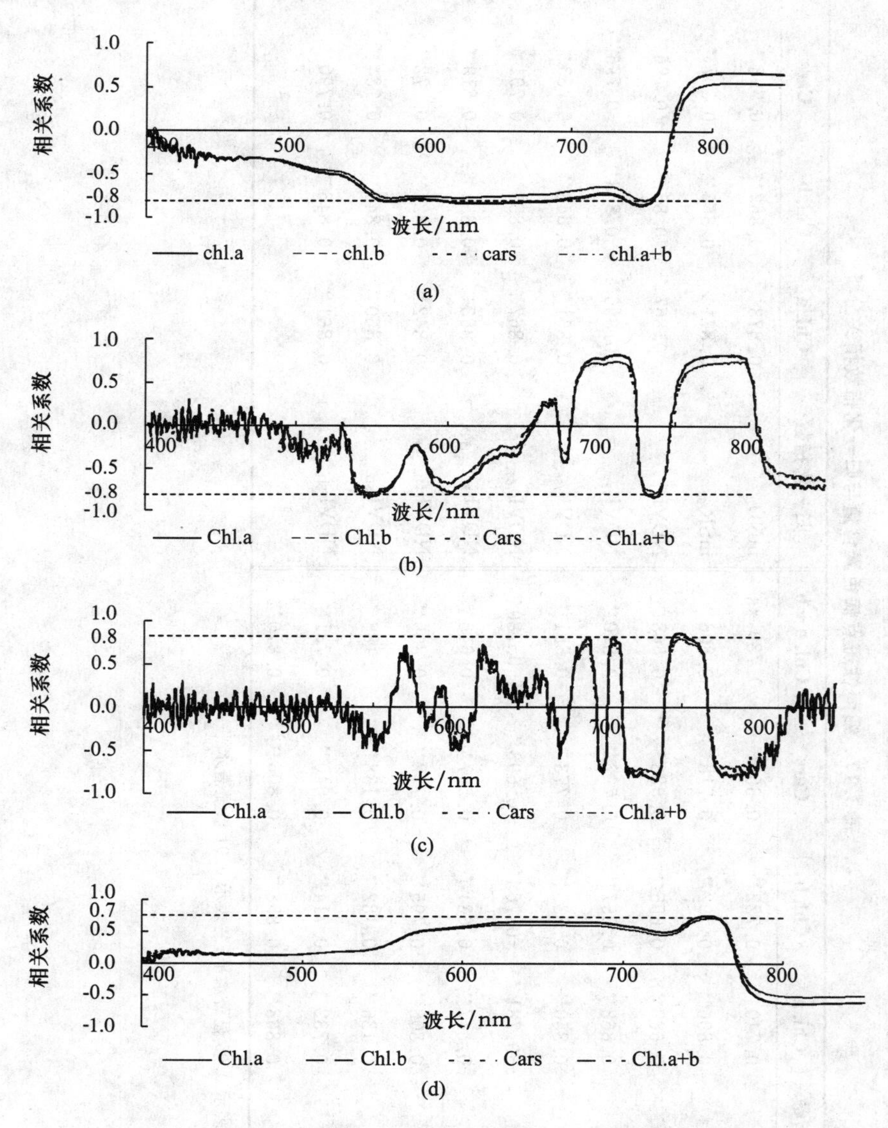

图 3.35　细菌性斑点病叶片色素含量与光谱数据相关曲线

(a)原始光谱　(b)一阶光谱　(c)二阶光谱　(d)反对数光谱

表 3.17　细菌性斑点病色素含量与归一化指数相关分析

归一化指数	Chl. a	Chl. b	Cars	Chl. a+b	归一化指数	Chl. a	Chl. b	Cars	Chl. a+b
PSNDa	0.740**	0.722**	0.650**	0.739 **	mND_{705}	0.873**	0.862**	0.798**	0.875**
PSNDb	0.806**	0.792**	0.718**	0.806**	mSR_{705}	0.871**	0.866**	0.807**	0.875**
PSNDc	0.669**	0.655**	0.588**	0.668**	$NDVI_{V1}$	−0.867**	−0.857**	−0.796**	−0.869**
NDI	0.868**	0.857**	0.792**	0.870**	$NDVI_{V2}$	−0.866**	−0.858**	−0.796**	−0.868**
GNDVI	0.850**	0.839**	0.773**	0.851**	$NDVI_{[766,699]}$	0.861**	0.848**	0.783**	0.862**
NPCI	−0.781**	−0.763**	−0.693**	−0.780**	$NDVI_{[766,702]}$	0.867**	0.855**	0.791**	0.869**
SIPI	0.647**	0.631**	0.567**	0.645**	$NDVI_{[FD_{746},FD_{497}]}$	0.863**	0.851**	0.819**	0.864**
PRI	0.808**	0.795**	0.712**	0.809**	$NDVI_{[FD_{738},FD_{497}]}$	0.842**	0.827**	0.772**	0.842**
NPQI	0.186**	0.182**	0.138**	0.186**	$NDVI_{[SD_{698},SD_{684}]}$	0.860**	0.848**	0.784**	0.861**
$NDVI_Z$	0.732**	0.714**	0.640**	0.731**	$NDVI_{[SD_{699},SD_{685}]}$	0.861**	0.846**	0.790**	0.861**
$NDVI_M$	0.868**	0.858**	0.806**	0.870**					

注：* 表示 0.05 显著水平；** 表示 0.01 极显著水平。

4. 加工番茄单叶细菌性斑点病色素含量与归一化指数相关分析

按照式(3.28)计算加工番茄细菌性斑点病归一化指数：

$$NDVI_{\text{波峰对应波段,波容对应波段}} = \frac{R_{\text{波峰对应波段}} - R_{\text{波谷对应波段}}}{R_{\text{波峰对应波段}} + R_{\text{波谷对应波段}}} \tag{3.28}$$

其中：R 为波段的光谱反射率。通过加工番茄细菌性斑点病归一化指数与色素含量的相关分析，选取相关性比较强的归一化指数 $NDVI_{[766,699]}$、$NDVI_{[766,702]}$、$NDVI_{[FD_{746},FD_{497}]}$、$NDVI_{[FD_{738},FD_{497}]}$、$NDVI_{[SD_{698},SD_{684}]}$、$NDVI_{[SD_{699},SD_{685}]}$ 为新建的归一化指数。

如表 3.17 所示，同一色素含量归一化指数中，新建的归一化指数与色素含量的相关性比较强。同一归一化指数中，与 Cars 含量的相关性相对来说比较弱。传统的归一化指数与色素含量的相关分析中，Chl. a 含量与 mND_{705} 的相关性最强；Chl. b 含量与 mSR_{705} 的相关性最强；Cars 含量与 mSR_{705} 的相关性最强，Chl. a＋b 含量与 mND_{705} 的相关性最强。其中 SIPI 和 NPQI 与色素含量的相关性比较弱。因此，选择 mND_{705} 对 Chl. a 和 Chl. a＋b 含量进行估测，mSR_{705} 对 Chl. b 和 Cars 含量进行估测。

5. PLS 估测加工番茄病叶色素含量的 $w_1^* r_1/w_2^* r_2$ 平面图

以 83 个样本为训练样本，如图 3.36 所示，在 PLS 算法中，用 $w_1^* r_1/w_2^* r_2$ 平面图可以表示 X 与 Y 各组分之间的相关性，如果两变量的位置十分接近，认为它们有较强的相关关系。从图 3.38 可以得出，Chl. a 含量与 $NDVI_{[766,702]}$ 位置最短，相关性最强；Chl. b 含量与 $NDVI_{[766,702]}$ 相关性比较强；Cars 含量与 $NDVI_{[FD_{746},FD_{497}]}$ 相关性比较强；Chl. a＋b 含量与 $NDVI_{[766,702]}$ 相关性比较强。

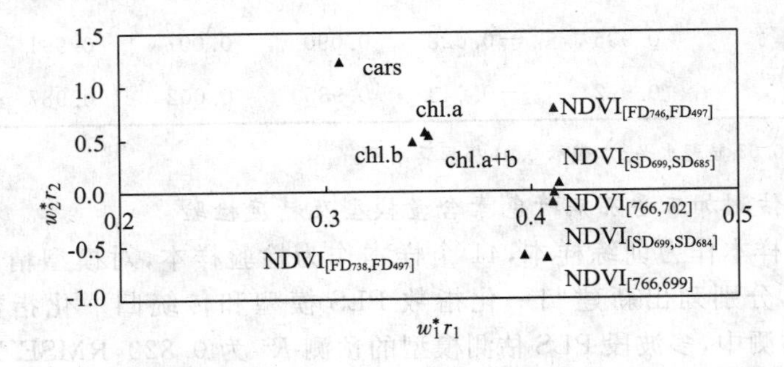

图 3.36　细菌性斑点病色素含量高光谱估测模型 $w_1^* r_1/w_2^* r_2$ 平面图

6. PLS 估测加工番茄叶片色素含量成分解释变量分析

如表 3.18 所示，$r(t_1)$表示第一主成分 t_1 与变量的相关性，$r(t_2)$表示第二主成分 t_2 与变量的相关性，$\mathrm{Rd}(t_1)$ 表示第一主成分 t_1 对变量的解释能力，$\mathrm{Rd}(t_2)$ 表示第二主成分 t_2 对变量的解释能力。Rd(cum)表示 t_1 和 t_2 对成分的总体解释能力；$\mathrm{Rd}(X/Y)$表示 t_1 和 t_2 对自变量和因变量的总体解释能力。在各组 t_1 和 t_2 与变量的相关性分析中，可以得出 t_1 与变量的相关性比较高，通过极显著水平检验，与自变量的相关性高于因变量。主要是因为 t_1 是自变量的成分提取。t 要满足与因变量成分 u 的相关性最大，同时 t 和 u 最大可能地携带变异信息。因此，t 起到的是自变量和因变量传递媒介的作用。

从 83 个训练样本，得出 t_1 和 t_2 对 Chl. a、Chl. b、Chl. a+b 含量解释能力分别大于 80%，对 Cars 含量解释能力为 74.7%。对自变量即新建归一化指数的解释能力为 98.9%。

表 3.18　细菌性斑点病色素含量高光谱估测模型成分解释变量分析

变量	$r(t_1)$	$r(t_2)$	$\mathrm{Rd}(t_1)$	$\mathrm{Rd}(t_2)$	Rd(cum)	$\mathrm{Rd}(X/Y)$
Chl. a	0.868**	0.117	0.804	0.024	0.828	0.800
Chl. b	0.855**	0.124	0.781	0.026	0.807	
Cars	0.799**	0.220*	0.688	0.059	0.747	
ChLa+b	0.869**	0.121	0.786	0.025	0.811	
$NDVI_{[766, 699]}$	0.993**	−0.076	0.985	0.006	0.991	0.989
$NDVI_{[766, 702]}$	0.995**	−0.041	0.989	0.002	0.991	
$NDVI_{[FD_{746}, FD_{497}]}$	0.972**	0.221*	0.945	0.049	0.994	
$NDVI_{[FD_{738}, FD_{497}]}$	0.990**	−0.039	0.979	0.001	0.980	
$NDVI_{[SD_{698}, SD_{684}]}$	0.995**	−0.028	0.090	0.007	0.991	
$NDVI_{[SD_{699}, SD_{685}]}$	0.992**	−0.043	0.985	0.002	0.987	

注：* 表示 0.05 显著水平；** 表示 0.01 极显著水平。

7. PLS 估测加工番茄病叶色素含量模型及精度检验

以 83 个样本作为训练样本，41 个样本作为检验样本，对模型精度检验。如表 3.19所示，分别列出新建归一化指数 PLS 模型和传统归一化指数模型。对 Chl. a 含量估测中，多波段 PLS 估测模型的预测 R^2 为 0.820，RMSE 为 0.065，高于传统的归一化指数 mND_{705} 对 Chl. a 含量的估测。对 Chl. b 含量估测中，传统的归一化指数 mSR_{705} 对 Chl. b 含量的估测高于多波段 PLS 模型。对 Cars 含量的估测中，多波段 PLS 模型和 mSR_{705} 模型的预测 R^2 和 RMSE 差别不大，但多波段 PLS 模型的预测精度高于 mSR_{705} 模型。对 Chl. a＋b 含量的估测模型中，mND_{705} 模型的预测精度高于多波段 PLS 模型。因此，由归一化指数 $NDVI_{[766,699]}$、$NDVI_{[766,702]}$、$NDVI_{[FD_{746},FD_{497}]}$、$NDVI_{[FD_{738},FD_{497}]}$、$NDVI_{[SD_{698},SD_{684}]}$、$NDVI_{[SD_{699},SD_{685}]}$ 组成的 PLS 模型对色素 Chl. a、Cars 含量的估测精度较高，可以对加工番茄细菌性斑点病色素含量的进行监测。

表 3.19　细菌性斑点病色素含量高光谱估测模型及精度检验

色素	方程	训练 (R^2)	训练 (RMSE)	预测 (R^2)	预测 (RMSE)
Chl. a	$Chl.\ a = 0.206 + 0.058NDVI_{[766,699]} + 0.184NDVI_{[766,702]} + 0.165DVI_{[FD_{746},FD_{497}]} - 0.094NDVI_{[FD_{738},FD_{497}]} + 0.012NDVI_{[SD_{698},SD_{684}]} + 0.023NDVI_{[SD_{699},SD_{685}]}$	0.725	0.055	0.820	0.065
	$Chl.\ a = -0.085 + 0.831\ mND_{705}$	0.718	0.056	0.805	0.066
Chl. b	$Chl.\ b = 0.125 + 0.048\ NDVI_{[766,699]} + 0.118\ NDVI_{[766,702]} + 0.093\ NDVI_{[FD_{746},FD_{497}]} - 0.045\ NDVI_{[FD_{738},FD_{497}]} + 0.008\ NDVI_{[SD_{698},SD_{684}]} + 0.014\ NDVI_{[SD_{699},SD_{685}]}$	0.697	0.037	0.805	0.043
	$Chl.\ b = -0.002 + 0.068\ mSR_{705}$	0.701	0.038	0.840	0.045
Cars	$Cars = 0.225 - 0.055\ NDVI_{[766,699]} + 0.092\ NDVI_{[766,702]} + 0.176NDVI_{[FD_{746},FD_{497}]} - 0.168NDVI_{[FD_{738},FD_{497}]} + 0.0005\ NDVI_{[SD_{698},SD_{684}]} + 0.016\ NDVI_{[SD_{699},SD_{685}]}$	0.622	0.036	0.800	0.043
	$Cars = 0.071 + 0.053\ mSR_{705}$	0.564	0.039	0.800	0.045
Chl. a＋b	$Chl.\ a+b = 0.331 + 0.106NDVI_{[766,699]} + 0.302\ NDVI_{[766,702]} + 0.259NDVI_{[FD_{746},FD_{497}]} - 0.139NDVI_{[FD_{738},FD_{497}]} + 0.02NDVI_{[SD_{698},SD_{684}]} + 0.037\ NDVI_{[SD_{699},SD_{685}]}$	0.732	0.088	0.816	0.107
	$Chl.\ a+b = -0.137 + 1.363\ mND_{705}$	0.729	0.089	0.895	0.109

8. 基于 PLS 的加工番茄细菌性斑点病色素含量估测结果

在创建新的归一化指数时，选择原始光谱、一阶、二阶、反对数光谱对加工番茄病叶色素含量的敏感光谱，形成归一化指数。这与前人的研究不同，王福民等(2007)在研究水稻叶片色素含量估算中，对归一化指数和比值指数的选择是通过 R^2 检验。刘占宇等(2008)在 NDVI 的基础上，引入蓝、绿光波段，创建了调节型归一化指数 ANDVI。Haboudane et al. (2002)新建 MCARII 特征参数对小麦的叶面积指数进行估测。Broge et al. (2002)新建了绿色作物面积指数 GCAI。Blackburn et al. (1998)建立 PSNDa 、PSNDb 、PSNDc 指数反演色素含量。

通过分析加工番茄细菌性斑点病病叶光谱特征，实测病叶色素含量，建立加工番茄细菌性斑点病高光谱色素含量模型。得出以下几个结论：

①通过测定加工番茄细菌性斑点病病叶色素含量和光谱反射率，对色素含量进行估测。由原始光谱、一阶、二阶、反对数光谱的敏感波段新建归一化指数 $NDVI_{[766,699]}$、$NDVI_{[766,702]}$、$NDVI_{[FD_{746},FD_{497}]}$、$NDVI_{[FD_{738},FD_{497}]}$、$NDVI_{[SD_{698},SD_{684}]}$、$NDVI_{[SD_{699},SD_{685}]}$。

②利用 PLS 法对色素含量进行新建归一化指数估测并检验，与传统的归一化指数进行比较，得出新建归一化指数组成的 PLS 模型对色素 Chl.a、Cars 含量的估测精度高于传统的归一化指数，具有对加工番茄细菌性斑点病色素含量更强的监测能力。

3.4.4 加工番茄单叶白粉病色素含量高光谱估测

1. 加工番茄白粉病色素光谱变量特征参数

通过 Viewspec Program 软件转换得到病叶光谱反射率值，根据加工番茄白粉病病叶原始光谱、一阶、二阶微分光谱和反对数光谱，新建病叶色素含量光谱特征参数。与前人研究相结合生成了加工番茄白粉病病叶光谱特征参数表(表 3.20)。利用 Excel 2007 和 SPSS 12.0 对光谱反射率数据进行统计分析。

2. 加工番茄单叶白粉病色素含量与原始光谱反射率相关分析

如图 3.37 所示，在可见光波段内 719～760 nm，Chl. a、Chl. b、Cars、Chl. a＋b 由负相关转到正相关，在近红外 764 nm、768 nm、764 nm、763 nm 分别达到最高峰值。在近红外波段，1 415～1 476 nm、1 875～2 114 nm、2 271～2 500 nm 呈负相关，出现两个波谷。色素含量与光谱反射率相关系数，在 350～718 nm 的平均值为－0.636，在 719～839 nm 的平均值为 0.585。

表3.20 白粉病光谱特征参数定义表

光谱参数	定义	出处	光谱参数	定义	出处
$PSND_a$	$(R_{800}-R_{680})/(R_{800}+R_{680})$	(Blackburn, 1998)	λ_r	680～780 nm一阶微分最大值对应的波长	(浦瑞良,2000)
$PSND_b$	$(R_{800}\sim R_{635})/(R_{800}+R_{635})$	(Blackburn, 1998)	D_r	680－780 nm内最大一阶微分值	(浦瑞良,2000)
$PSND_c$	$(R_{800}\sim R_{470})/(R_{800}+R_{470})$	(Blackburn, 1998)	Sd_r	红边内波长范围一阶微分波段值的总和	(浦瑞良,2000)
GNDVI	$(R_{750}\sim R_{550})/(R_{750}+R_{550})$	(Gitelson, 1996)	L_0	640～680 nm最小波段反射率对应的波长	(Miller, 1991)
$PSSR_a$	R_{800}/R_{680}	(Blackburn, 1998)	Lwidth	Depth672吸收谷深度一半处的宽度	(Miller,1991)
$PSSR_b$	R_{800}/R_{635}	(Blackburn, 1998)	NDI	$(R_{750}-R_{705})/(R_{750}+R_{705})$	(Gitelson, 1994)
$PSSR_c$	R_{800}/R_{470}	(Blackburn, 1998)	SRPI	R_{430}/R_{680}	(Penuelas,1995)
GM	R_{750}/R_{700}	(Gitelson, 1994)	$TPMP_a$	$Log(1/R_{375})/log(1/R_{754})$	新建
TCARI	$3((R_{700}-R_{670})-0.2(R_{700}\sim R_{550})(R_{700}/R_{670}))$	(Daughtry, 2000)	$TPMP_b$	$Log(1/R_{691})-log(1/_{R754})$	新建
SIPI	$(R_{800}-R_{445})/(R_{800}-R_{680})$	(Penuelas, 1995)	$TPMP_c$	$Log(1/R_{697})-log(1/R_{763})$	新建
R_{680}	680 nm处对应的反射率值	(陈兵, 2010)	$TPMP_d$	$Log(1/R_{695})-log(1/R_{755})$	新建

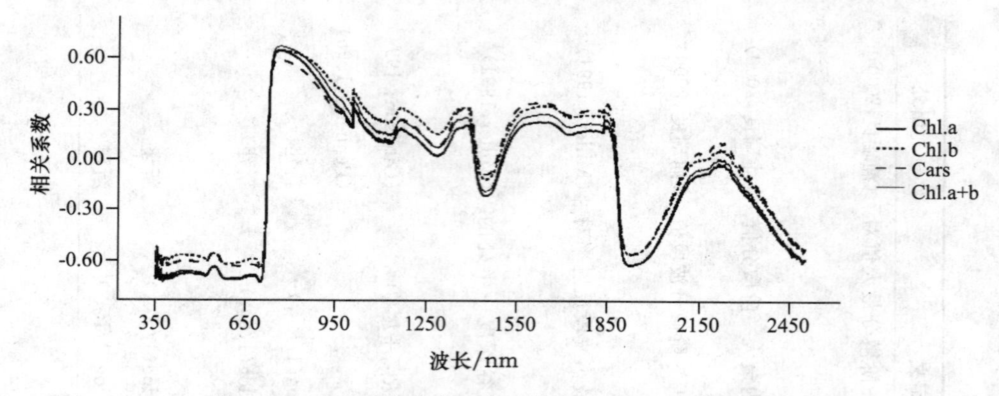

图 3.37　白粉病色素含量与原始光谱反射率相关曲线图

3.加工番茄单叶白粉病色素含量与微分、反对数光谱相关分析

对原始光谱反射率进行一阶、二阶和反对数变换，进一步了解病叶色素含量的光谱响应变化，寻找病叶色素含量的敏感光谱。从图 3.38 可以分析得出，Chl.a、Chl.b、Cars、Chl.a＋b 含量与一阶、二阶光谱反射率变换相关曲线图波动比较小，与反对数光谱反射率变换相关曲线图波动比较大。一阶相关曲线图，总体上在 350～379 nm 曲线有震荡，从 379～2 500 nm 开始呈正相关，680～778 nm、1 384～1 487 nm、1 845～1 948 nm 有波动，呈现一个波峰两个波谷。二阶相关曲线图，350～572 nm、1 918～2 500 nm 曲线有震荡，在 537～1 917 nm，690～758 nm 有一个波峰，1 396～1 450 nm、1 860～1 917 nm 有波谷。反对数相关曲线图，在可见光波段 350～718 nm 的相关系数比较高，平均值为 0.663，728～857 nm 相关系数绝对值较高，平均值为－0.601，在 718～1 255 nm 形成一个波峰，在 1 406～1 499 nm和 1 871～2 129 nm 形成两个波谷。

通过对病害加工番茄色素含量与一阶、二阶、反对数光谱相关分析，原始光谱 350～718 nm、719～839 nm 和反对数光谱 350～718 nm、728～857 nm 为 Chl.a、Chl.b、Cars、Chl.a＋b 含量的敏感光谱区域，对原始光谱的(758 nm、694 nm)、(768 nm、698 nm)、(757 nm、694 nm)、(763 nm、697 nm)和反对数敏感光谱内(375 nm、754 nm)、(694 nm 、763 nm)、(691 nm 、754 nm)、(695 nm 、755 nm)以及每对组合的差值植被指数、比值植被指数、归一化植被指数分别与 Chl.a、Chl.b、Cars、Chl.a＋b 含量进行相关分析，得出 TPMPa（$Log(1/R_{375})/log(1/R_{754})$）；TPMPb（$Log(1/R_{691})-log(1/R_{754})$）；TPMPc（$Log(1/R_{697})-log(1/R_{763})$）；TPMPd（$Log(1/R_{695})-log(1/R_{755})$）为 Chl.a、Chl.b、Cars、Chl.a＋b 含量的敏感光谱波段组合，同时也是 Chl.a、Chl.b、Cars、Chl.a＋b 含量新建的光谱特征参数。

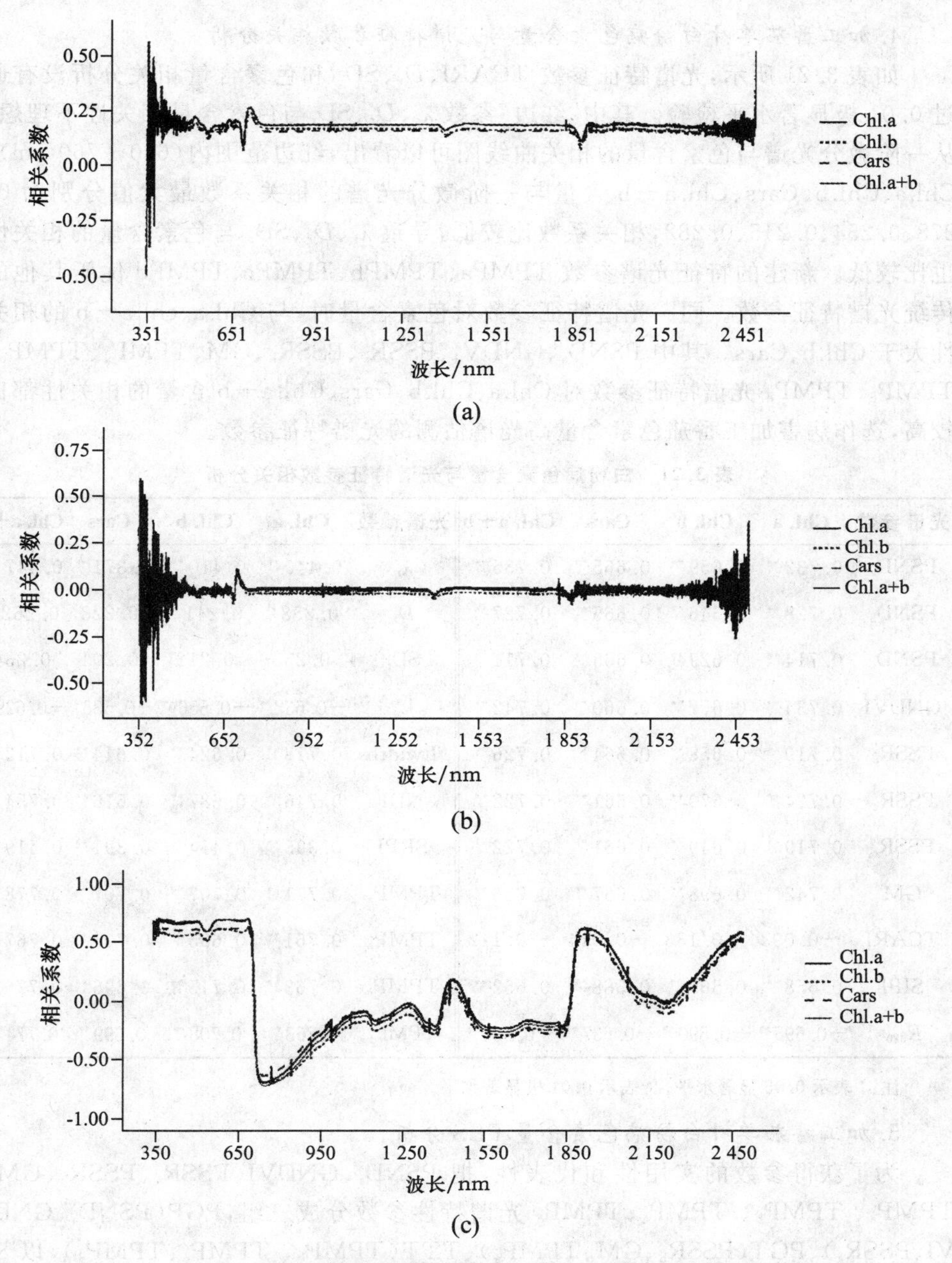

图 3.38　白粉病色素含量与光谱变换相关曲线图

(a)一阶　(b)二阶　(c)反对数

4.加工番茄单叶白粉病色素含量与光谱特征参数相关分析

如表 3.21 所示，光谱特征参数 TCARI、D_r、SD_r 和色素含量相关分析没有通过 0.01 极显著水平检验。其中"红边"参数 λ_r、D_r、SD_r 与色素含量相关性不理想；从一阶微分光谱与色素含量的相关曲线图可以看出，红边范围内(620～760 nm)，Chl.a、Chl.b、Cars、Chl.a＋b 含量与一阶微分光谱的相关系数最大值分别为 0.278、0.254、0.245、0.282，相关系数比较低，导致 λ_r、D_r、SD_r 与色素含量的相关性也比较低。新建的特征光谱参数 TPMPa、TPMPb、TPMPc、TPMPd 优于其他的传统光谱特征参数。同一光谱特征参数对色素含量时，与 Chl.a、chl.a＋b 的相关性大于 Chl.b、Cars。其中 $PSND_a$、GNDVI、$PSSR_a$、$PSSR_b$、GM、$TPMP_a$、$TPMP_b$、$TPMP_c$、$TPMP_d$ 光谱特征参数对 Chl.a、Chl.b、Cars、Chl.a＋b 含量的相关性都比较高，选作病害加工番茄色素含量高光谱估测的光谱特征参数。

表 3.21　白粉病色素含量与光谱特征参数相关分析

光谱参数	Chl. a	Chl. b	Cars	Chl. a＋b	光谱参数	Chl. a	Chl. b	Cars	Chl. a＋b
$PSND_a$	0.732**	0.659**	0.665**	0.735**	λ_r	0.440**	0.410**	0.371**	0.447**
$PSND_b$	0.728**	0.646**	0.665**	0.727**	D_r	0.258*	0.241*	0.223	0.262*
$PSND_c$	0.714**	0.629**	0.665**	0.711**	SD_r	0.233	0.212	0.201	0.234
GNDVI	0.734**	0.677**	0.660**	0.742**	L_0	−0.632**	−0.556**	−0.536**	−0.629**
$PSSR_a$	0.719**	0.658**	0.664**	0.726**	Lwidth	0.718**	0.624**	0.644**	0.712**
$PSSR_b$	0.724**	0.670**	0.661**	0.722**	NDI	0.746**	0.687**	0.616**	0.754**
$PSSR_c$	0.719**	0.649**	0.661**	0.722**	SRPI	0.395**	0.414**	0.391**	0.419**
GM	0.742**	0.698**	0.667**	0.756**	$TPMP_a$	0.771**	0.707**	0.707**	0.778**
TCARI	−0.093	−0.133	−0.014	−0.112	$TPMP_b$	0.761**	0.695**	0.701**	0.767**
SIPI	0.658**	0.569**	0.588**	0.652**	$TPMP_c$	0.763**	0.715**	0.696**	0.776**
R_{680}	−0.695**	−0.590**	−0.637**	−0.684**	$TPMP_d$	0.763**	0.708**	0.699**	0.774**

注：* 表示 0.05 显著水平；** 表示 0.01 极显著水平。

5.加工番茄单叶白粉病色素含量 PLS 分析

为了获得参数的实用性和代表性，把 $PSND_a$、GNDVI、$PSSR_a$、$PSSR_b$、GM、$TPMP_a$、$TPMP_b$、$TPMP_c$、$TPMP_d$ 光谱特性参数分成三组，PGP($PSND_a$、GNDVI、$PSSR_a$)、PGT($PSSR_b$、GM、$TPMP_a$)、TTT($TPMP_b$、$TPMP_c$、$TPMP_d$)，以 86 个样本对色素含量进行估测。从表 3.22 可以得出，三组变量 x_p 与 y_q(Chl.a、Chl.b、Cars、Chl.a＋b)的第一主成分 $r(t_1)$、第二主成分 $r(t_2)$的相关性，$W_1^* r_1/W_2^* r_2$ 可以观

察 x_p 与 y_q 之间的相互关系。在 PGP 组中，$r(t_1)$ 与 $PSND_a$、GNDVI、$PSSR_a$ 变量的相关性比较高，$r(t_2)$ 第二主成分与六个变量的相关性都不高。在 PGT 和 TTT 组中，也出现相同的情况，$r(t_1)$ 与各变量的相关性高于 $r(t_2)$，其中各 x_p 变量与 $r(t_1)$ 的相关性高于 y_q。从 $W_1^* r_1$，$W_2^* r_2$ 可以看出，在 PGP 组中，y_q(Chl.a、Chl.b、Cars、Chl.a+b) 各变量之间的相关性比较高，y_q 与 x_p 中 GNDVI 变量的相关性高于 $PSND_a$、$PSSR_a$ 变量。在 PGT 组中 y_q 各变量与 GT 的相关性比较高，y_q 各变量之间的相关性比较高。在 TTT 组中，x_p 各变量之间的相关性高于 y_q，Chl. a+b 与 $TPMP_c$ 之间的相关性比较高。从以上的分析可以得出，在 PGP、PGT 组中各 y_q 之间的相关性比较高，TTT 组中 x_p 的相关性比较高，因此进行 PLS 法的成分提取是有必要的，可以避免信息冗余。

表 3.22　白粉病色素含量与光谱特征参数 PLS 法分析

变量	PGP			
	$r(t_1)$	$r(t_2)$	$W_1^* r_1$	$W_2^* r_2$
Chl.a	0.726**	0.061**	0.426	0.331
Chl.b	0.667**	0.097**	0.391	0.522
Cars	0.647**	0.014**	0.381	0.078
Chl.a+b	0.733**	0.077**	0.430	0.416
$PSND_a$	0.997**	0.003**	0.578	0.366
GNDVI	0.987**	0.145**	0.583	0.816
$PSSR_a$	0.987**	−0.150**	0.571	−0.447
变量	PGT			
	$r(t_1)$	$r(t_2)$	$W_1^* r_1$	$W_2^* r_2$
Chl.a	0.749**	0.151**	0.438	0.713
Chl.b	0.698**	0.125**	0.409	0.589
Cars	0.667**	0.131**	0.390	0.619
Chl.a+b	0.760**	0.148**	0.445	0.695
$PSSR_b$	0.992**	−0.112**	0.562	−0.713
GM	0.988**	−0.089**	0.579	0.023
$TPMP_a$	0.978**	0.194**	0.589	0.700

续表

变量	TTT			
	$r(t_1)$	$r(t_2)$	$W_1^* r_1$	$W_2^* r_2$
Chl.a	0.759**	−0.129*	0.439	−0.242
Chl.b	0.706**	−0.264	0.408	−1.980
Cars	0.684**	−0.080**	0.395	0.347
Chl.a+b	0.771**	−0.185**	0.445	−0.906
$TPMP_b$	0.998**	−0.113**	0.574	0.757
$TPMP_c$	0.998**	−0.204**	0.579	−0.643
$TPMP_d$	0.999	−0.172	0.578	−0.113

注：* 表示 0.05 显著水平；** 表示 0.01 极显著水平。

6.加工番茄单叶白粉病色素含量 PLS 估测模型及精度检验

在表 3.23 中，$RdY(t_1)$表示 t_1 对 Y 的解释能力，$RdY(t_2)$ 表示 t_2 对 Y 的解释能力，$RdY(cum)$表示 t_1、t_2 对 Y 的累计解释能力。Q^2 为交叉有效性。

从总体上来说，TTT 组中模型的各检验参数精度比较高。对 Chl.a 含量的估测中，TTT 组中 $RdY(cum)$为 0.578，说明 t_1、t_2 对 Y 的解释能力为 0.578，Q^2 值 0.558 高于其他两组，相对误差比其他两组低，TTT 组对 Chl.a 含量估测模型为最佳模型。对 Chl.b 含量的估测中，PGT 组中的各参数精度相对比较高，为 Chl.b 的最佳估测模型。对 Cars 含量的估测中，TTT 组中的各参数精度相对比较高，相对误差不到 3%，为 Cars 含量的最佳估测模型。对 Chl. a+b 含量的估测中，TTT 组中的各参数精度相对比较高，解释能力为 0.600，相对误差不到 10%，为 Chl.a+b 含量的最佳估测模型。

表 3.23　白粉病色素含量高光谱估测模型与精度检验

名称	色素	模型	$RdY(t_1)$	$RdY(t_2)$	$RdY(cum)$	Q^2	RMSE
PGP	Chl.a	Chl. a=0.125$PSND_a$+0.519GNDVI+0.095$PSSR_a$+6.276	0.536	0.003	0.541	0.511	0.055
	Chl.b	Chl. b=0.034$PSND_a$+0.654GNDVI−0.011$PSSR_a$+7.259	0.449	0.009	0.458	0.414	0.034

续　表

名称	色素	模型	RdY (t_1)	RdY (t_2)	RdY (cum)	Q^2	RMSE
	Cars	Cars ＝0.191$PSND_a$＋0.286GNDVI＋0.182PSSRa＋9.048	0.428	0.0002	0.429	0.391	0.027
	Chl.a＋b	Chl.a＋b＝0.096PSNDa＋0.591GNDVI＋0.059PSSRa＋6.899	0.545	0.006	0.552	0.517	0.083
PGT	Chl.a	Chl.a＝－0.262RSSRb＋0.27GM ＋ 0. 758TPMPa ＋6.276	0.562	0.023	0.584	0.549	0.054
	Chl.b	Chl.b＝－0.190RSSRb＋0.25GM ＋ 0. 653$TPMP_a$ ＋7.25	0.487	0.015	0.503	0.475	0.033
	Cars	Cars＝－0.222 RSSRb＋0.24GM ＋ 0. 664$TPMP_a$ ＋9.048	0.445	0.017	0.462	0.420	0.026
	Chl.a＋b	Chl.a＋b＝－0.245$RSSR_b$＋0. 273GM＋0. 749TPMPa ＋0.899	0.578	0.022	0.601	0.567	0.079
TTT	Chl.a	Chl.a＝0.068$TPMP_b$＋0.410$TPMC_c$ ＋ 0. 281$TPMP_d$＋6.275	0.577	0.0004	0.578	0.558	0.053
	Chl.b	Chl.b＝－1.264TPMPb＋1.511$TPMC_c$ ＋ 0. 459$TPMP_d$＋7.259	0.498	0.027	0.526	0.478	0.032
	Cars	Cars＝0.489TPMPb＋0.006$TPMC_c$ ＋ 0. 189TPMPd＋9.048	0.467	0.0008	0.468	0.441	0.025
	Chl.a＋b	Chl. a＋b＝－0.429$TPMP_b$ ＋0. 841$TPMC_c$ ＋ 0. 359$TPMP_d$＋6.899	0.593	0.005	0.600	0.572	0.078

Q^2 临界值为 0.097。

7. 基于 PLS 的加工番茄白粉病色素含量估测结果

PLS 法对色素含量与多个光谱特征参数进行建模时，PLS 法对自变量不能择优选择。本文在建立模型之前选择了传统的光谱特征参数和新建的光谱特征参数。在选择自变量的方法与前人不同，王纪华等(2007)在运用 PLS 算法对小麦氮素垂直分布进行反演时，以某一点光谱为中心，进行 2S+1 个点的取值。应义斌等(2004)在研究苹果有效酸度的近红外漫反射检测是利用 TQ6.0 软件选取了三个波段进行 PLS 建模。

利用加工番茄白粉病光谱反射数据和色素含量，结合传统光谱特征参数和新建特征参数，通过 PLS 法建立加工番茄白粉病色素含量估测模型。经分析得出以下结论：

①通过加工番茄白粉病病叶原始光谱反射率和光谱变换数据与色素含量的相关分析寻找敏感波段，加工番茄白粉病病叶原始光谱的敏感光谱区域在 350～718 nm、719～839 nm，反对数变换的敏感光谱区域在 350～718 nm、728～857 nm。

②传统和新建的光谱特征参数与色素含量的相关分析，选取 $PSND_a$、GNDVI、$PSSR_a$、$PSSR_b$、GM、$TPMP_a$、$TPMP_b$、$TPMP_c$、$TPMP_d$ 作为病害加工番茄色素含量高光谱估测的最优光谱特征参数。

③$PSND_a$、GNDVI、$PSSR_a$、$PSSR_b$、GM、$TPMP_a$、$TPMP_b$、$TPMP_c$、$TPMP_d$ 光谱特性参数分成三组 PGP、PGT、TTT，对色素含量进行估测。TTT 组对 Chl.a 含量估测模型为最佳模型。PGT 组中的各参数精度相对比较高，为 Chl.b 的最佳估测模型。Cars 含量的估测中，TTT 组的相对误差为 2.5%，为 Cars 含量的最佳估测模型。Chl.a+b 含量的最佳估测模型在 TTT 组中。

3.5 本章小结

本章以三种加工番茄病害叶片的光谱反射率，以及一阶微分、二阶微分和反对数光谱数据为研究对象，分别寻找三种病害的敏感光谱，并且通过 GA-SVM 模型对病害进行识别，对三种病害叶片的色素含量进行了估测。

1. 三种病害的光谱特征

不同品种加工番茄早疫病和细菌性斑点病的不同病害严重度叶片光谱特征为，在可见光波段蓝光和红光形成两个波谷，绿光形成一个波峰；近红外波段 760～930 nm，随着病情的加重，反射率降低；在短波红外波段 1 400～2 500 nm，随着病情的加重，反射率升高。屯河 8 号白粉病在可见光和近红外波段与早疫病、细菌性斑点病的变化规律相似，但在短波红外波段，不同病害等级的差异低于早疫病和细菌性斑点病。分别从 0 级、1 级、2 级、3 级、4 级对不同品种不同病害进行比较，早疫病叶片光谱反射率，在 350～1 300 nm 里格尔 87-5 光谱反射率高于石番 28，在 1 300～2 500 nm 石番 28 高于里格尔 87-5。细菌性斑点病叶片光谱反射率，不同品种 4 个等级中，4 级病叶的光谱反射率与其他等级差异明显。

从光谱特征参数进行比较，在“三边”光谱特征参数中，不同病害的一阶微分光谱，“蓝边”曲线的波峰，随着病情的加重而降低；“黄边”曲线的波谷，随着病情的加重而上升；“红边”曲线的波峰，随着病情的加重而发生了蓝移，蓝移范围是 13～20 nm。在“绿峰”和“红谷”光谱特征参数中，不同品种不同病害，“绿峰”和“红谷”向长波方向偏移。与此同时，“绿峰”反射率升高，“红谷”反射率也升高。在光谱面积参数中，可以得出，早疫病和细菌性斑点病，蓝边面积和黄边面积增加，红边面积减少；白粉病蓝边、黄边和红边面积都减少。

2. 加工番茄叶片病害识别

分别对三种病害进行相关分析，得出病害的敏感光谱，早疫病的敏感光谱区域为 488～514 nm、576～638 nm、639～700 nm，细菌性斑点病的敏感光谱区域为 499～518 nm、572～702 nm、736～811 nm，白粉病的敏感光谱区域为 371～433 nm、651～685 nm、1 908～1 933 nm。

对三种病害的敏感光谱区域进行主成分分析，提取前 5 个主成分，作为 GA-SVM模型的输入变量。早疫病最佳模型为径向基函数核的 GA-SVM 模型，训练准确率为 84.615%，预测准确率为 80.681%。细菌性斑点病的 Sigmoid 核 GA-SVM 模型精度较高，训练准确率为 82%，预测准确率为 78%。白粉病径向基函数核的 GA-SVM 模型精度较高，训练准确率为 89%，预测准确率为 84%。

3. 加工番茄叶片病害色素含量估测

对三种病害的色素含量进行估测，加工番茄早疫病光谱特征参数与色素含量相关分析选取极显著相关的六个参数，R_{680}、CCII、PSSR、PSNDc 、FD_{664}、$DVI_{[FD_{686},FD_{664}]}$。加工番茄细菌性斑点病病叶色素含量和光谱反射率，对色素含量进行估测。由原始光谱、一阶、二阶、反对数光谱的敏感光谱新建归一化指数 $NDVI_{[766,699]}$、$NDVI_{[766,702]}$、$NDVI_{[FD_{746},FD_{497}]}$、$NDVI_{[FD_{738},FD_{497}]}$、$NDVI_{[SD_{698},SD_{684}]}$、$NDVI_{[SD_{699},SD_{685}]}$。选取 PSNDa、GNDVI、$PSSR_a$、$PSSR_b$、GM、$TPMP_a$、$TPMP_b$、$TPMP_c$、$TPMP_d$ 作为病害加工番茄白粉病色素含量高光谱估测的最优光谱特征参数。与传统的光谱特征参数相比，新建的光谱特征参数的估测精度较高。

第4章 加工番茄病害冠层光谱分析与估测

加工番茄冠层是由许多离散的叶片组成，冠层光谱反映了加工番茄群体生长变化趋势。冠层的光谱特征，除了受冠层本身即叶片光学特性的控制，还受叶子的大小、形状、方位、覆盖范围、冠层的形状结构、辐照及观测方向等的影响。冠层光谱的观测不像单一叶片光谱测定可以在室内控制条件下试验，它受观测地点和观测日期的天气情况、风、云、太阳高度角等的影响。冠层的光谱特征还与叶面积指数、生物量、水分和土壤背景密切相关。因此，对冠层光谱进行一阶微分、二阶微分和反对数变换，一阶微分有利于限制低频背景光谱对目标光谱的影响(浦瑞良，1997)。原始光谱反射率作对数变换后，可以增强可见光波段的光谱差异，减少光照条件变化导致的乘性因素的影响。

加工番茄发病是一个随着植株生长渐进的过程。加工番茄从 2010 年 7 月 20 日自然发病到 2010 年 8 月 20 日收获，整个时期为 31 d，时间比较短。这造成获取加工番茄冠层样本数的困难，故对冠层光谱特征的研究主要从病害进行分类，没有具体地区分品种类型。由于水和二氧化碳的强吸收带为 1 360～1 470 nm 和 1 830～2 080 nm(孙俊等，2009)，叶片水分与光量子中 H-O 键发生作用，导致被强烈吸收，室外冠层光谱出现不稳定和不规则性，所以去除了这部分光谱。加工番茄冠层光谱范围为 350～1 360 nm、1 470～1 830 nm、2 080～2 500 nm。

本章首先分析加工番茄冠层三种病害的光谱特征。Gram-Schmidt 正交变换算法对自变量进行直角变换，解决了自变量信息冗余的问题，通过 Gram-Schmidt 和 PLS 对加工番茄冠层早疫病估测。PLS 的成分提取能够最大限度的解释自变量的同时解释因变量，克服了因变量的多重相关造成的信息冗余。所以，通过 PLS 建立加工番茄冠层细菌性斑点和白粉病一阶、二阶微分和反对数变换的多波段综合诊断模型，为加工番茄病害监测提供理论依据。

4.1 加工番茄病害冠层高光谱特征分析

4.1.1 加工番茄病害冠层高光谱特征

加工番茄早疫病、细菌性斑点病和白粉病冠层光谱反射率，按照 0%(健康冠层)、0～25%、26%～50%、51%～75%、>75%分成 5 个等级。如图 4.1 至图 4.3 所示，在可见光波段“绿峰”，随着病情的加重，早疫病和细菌性斑点病的冠层光谱反射率升高，而白粉病冠层光谱反射率降低。在近红外波段，三种病害的差异明显，随着病情的加重，光谱反射率下降。主要是因为加工番茄叶片近红外 50%～60%的辐射能透射到下层，然后又被下层反射，并透过上层叶，导致冠层红外反射增强。近红外波段是病害冠层估测的重要波段，证明了利用光谱手段对冠层病害监测的可行性。

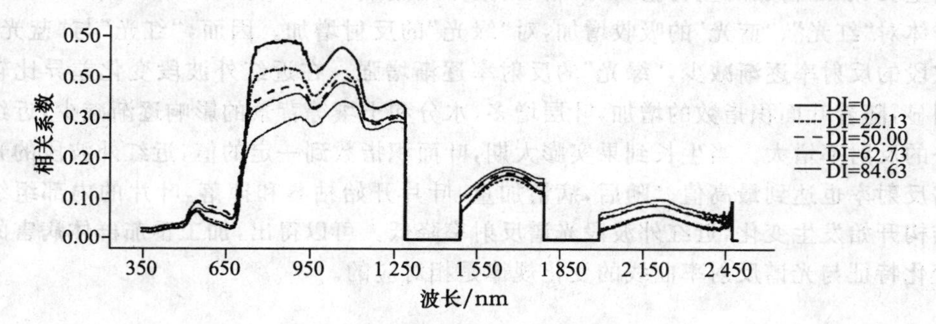

图 4.1　早疫病冠层光谱反射率曲线

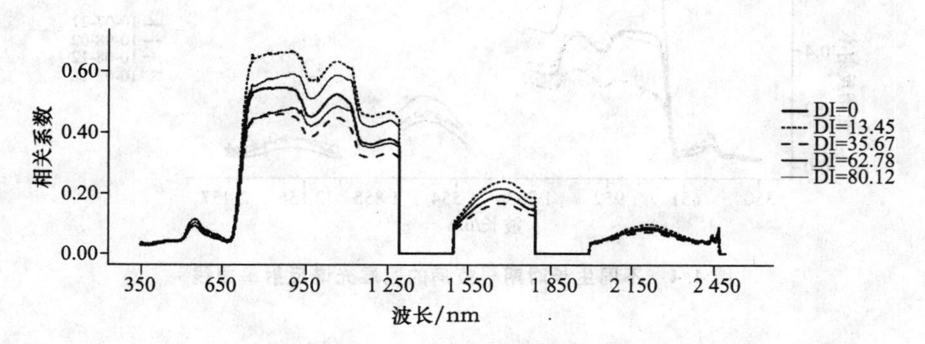

图 4.2　细菌性斑点病冠层光谱反射率曲线

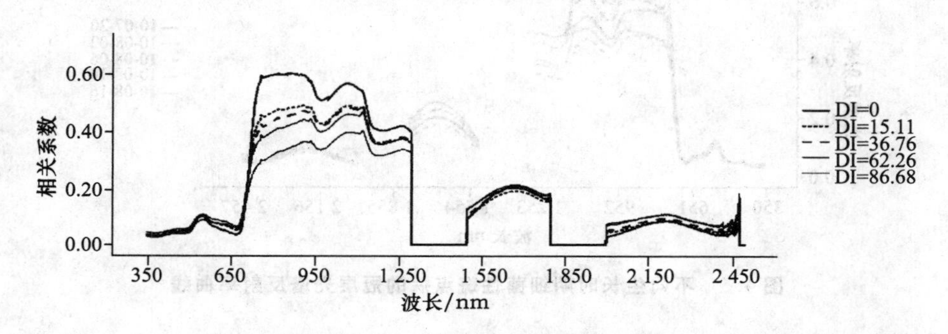

图 4.3　白粉病冠层光谱反射率曲线

4.1.2 加工番茄病害冠层不同发育期高光谱特征

在加工番茄自然发病以后，加工番茄冠层光谱反射率在不同波长位置发生了不同的变化。如图 4.4 和图 4.5 所示，在可见光波段，随着加工番茄病情加重和持续生长，加工番茄的生物量和叶面积指数不断增加，群体的光合作用能力也增加，群体对“红光”、“蓝光”的吸收增加，对“绿光”的反射增加。因而，“红光”与“蓝光”波段的反射率逐渐减少，“绿光”的反射率逐渐增强。在近红外波段变化差异比较明显，随着叶面积指数的增加，叶层增多，水分和土壤等背景的影响逐渐减少，近红外的反射率增大。当生长到果实膨大期，叶面积指数到一定的值，近红外波段的光谱反射率也达到最高值。随后，病情加重，叶片开始枯萎和掉落，叶片的内部组织结构开始发生变化，近红外波段光谱反射率降低。可以得出，加工番茄群体病害的变化特征与光谱反射率曲线的变化规律是相对应的。

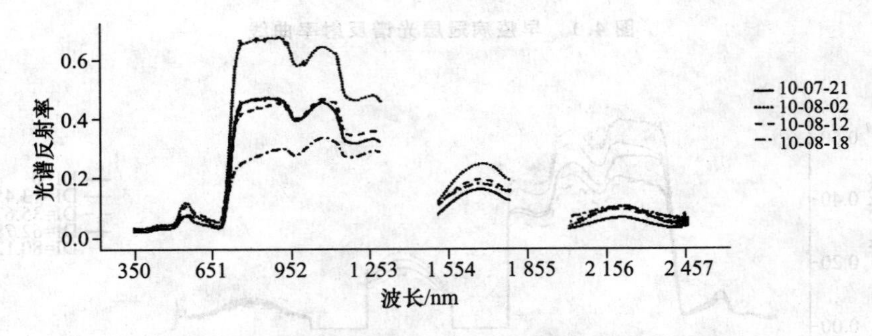

图 4.4　不同生长时期早疫病的冠层光谱反射率曲线

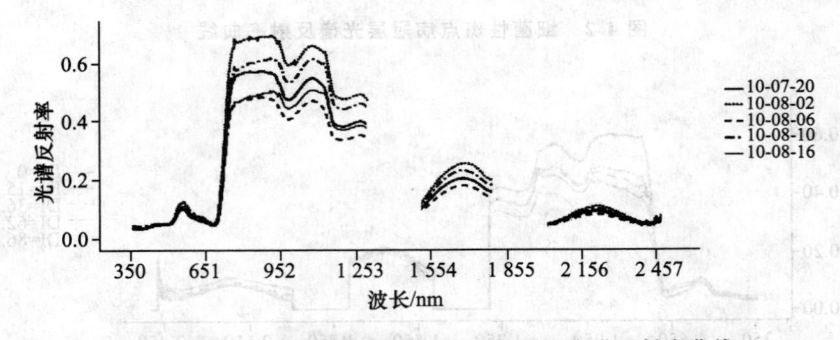

图 4.5　不同生长时期细菌性斑点病的冠层光谱反射率曲线

4.2　加工番茄病害冠层光谱特征参数

4.2.1　加工番茄病害冠层“三边”参数

如图 4.6 至图 4.8 所示，分别为早疫病、细菌性斑点病和白粉病的“蓝边”、“黄边”、“红边”曲线图。从整体上看，三种病害的曲线在“蓝边”曲线图中形成一个波峰，“黄边”曲线图形成一个波谷，“红边”曲线图中形成两个波峰，分别从“蓝边”、“黄边”、“红边”进行比较。

在“蓝边”曲线图中，早疫病、细菌性斑点病和白粉病的波峰随着病情的加重而下降。早疫病 0 级、1 级、2 级、3 级、4 级的波峰值为(0.0018,524)、(0.0017,524)、(0.0016,518)、(0.0015,519)、(0.0012,519)。细菌性斑点病 0 级、1 级、2 级、3 级、4 级的波峰值为(0.0023,525)、(0.0021,525)、(0.0021,525)、(0.0021,520)、(0.0019,520)。白粉病 0 级、1 级、2 级、3 级、4 级的波峰值为(0.0023,525)、(0.0018,520)、(0.0017,520)、(0.0016,520)、(0.0013,520)。三种病害，在“蓝边”波峰最大变化值，早疫病为 0.0006，细菌性斑点病为 0.0004，白粉病为 0.001。白粉病“蓝边”曲线的波峰变化最大。

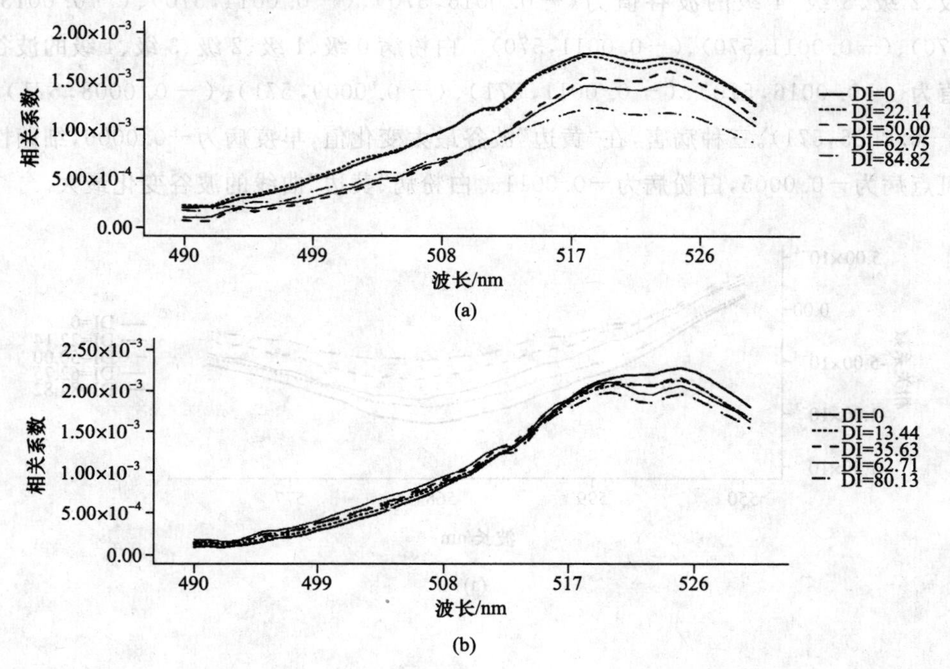

(a)

(b)

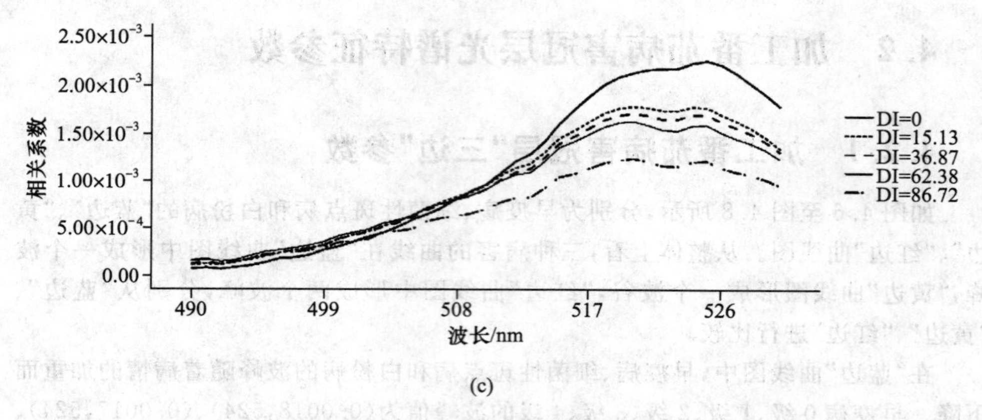

(c)

图 4.6　加工番茄三种病害“蓝边”曲线图

(a)早疫病　(b)细菌性斑点病　(c)白粉病

在“黄边”曲线图中，三种病害波谷的变化规律相同，随着病情的加重，波谷上升。早疫病 0 级、1 级、2 级、3 级、4 级的波谷值为(－0.0011,569)、(－0.0009,569)、(－0.0007,570)、(－0.0006,569)、(－0.0005,569)。细菌性斑点病 0 级、1 级、2 级、3 级、4 级的波谷值为(－0.0016,570)、(－0.0014,570)、(－0.0013,570)、(－0.0011,570)、(－0.0011,570)。白粉病 0 级、1 级、2 级、3 级、4 级的波谷值为(－0.0016,570)、(－0.0011,571)、(－0.0009,571)、(－0.0008,571)、(－0.0005,571)。三种病害，在“黄边”波谷最大变化值，早疫病为－0.0006，细菌性斑点病为－0.0005，白粉病为－0.0011。白粉病“黄边”曲线的波谷变化最大。

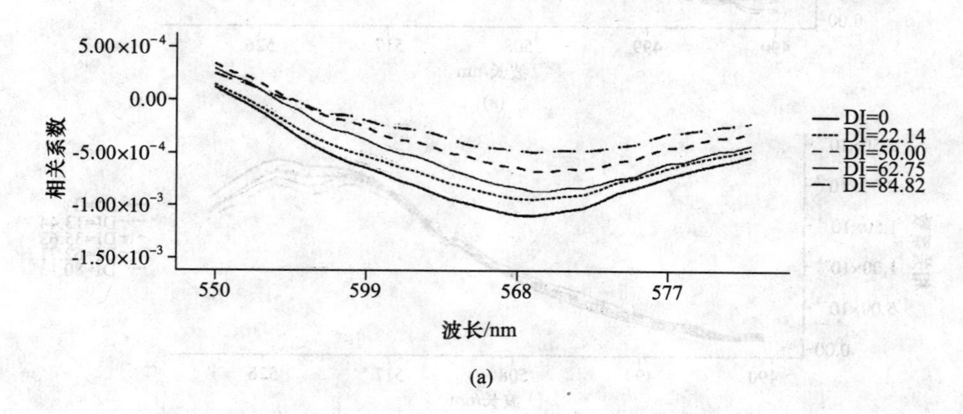

(a)

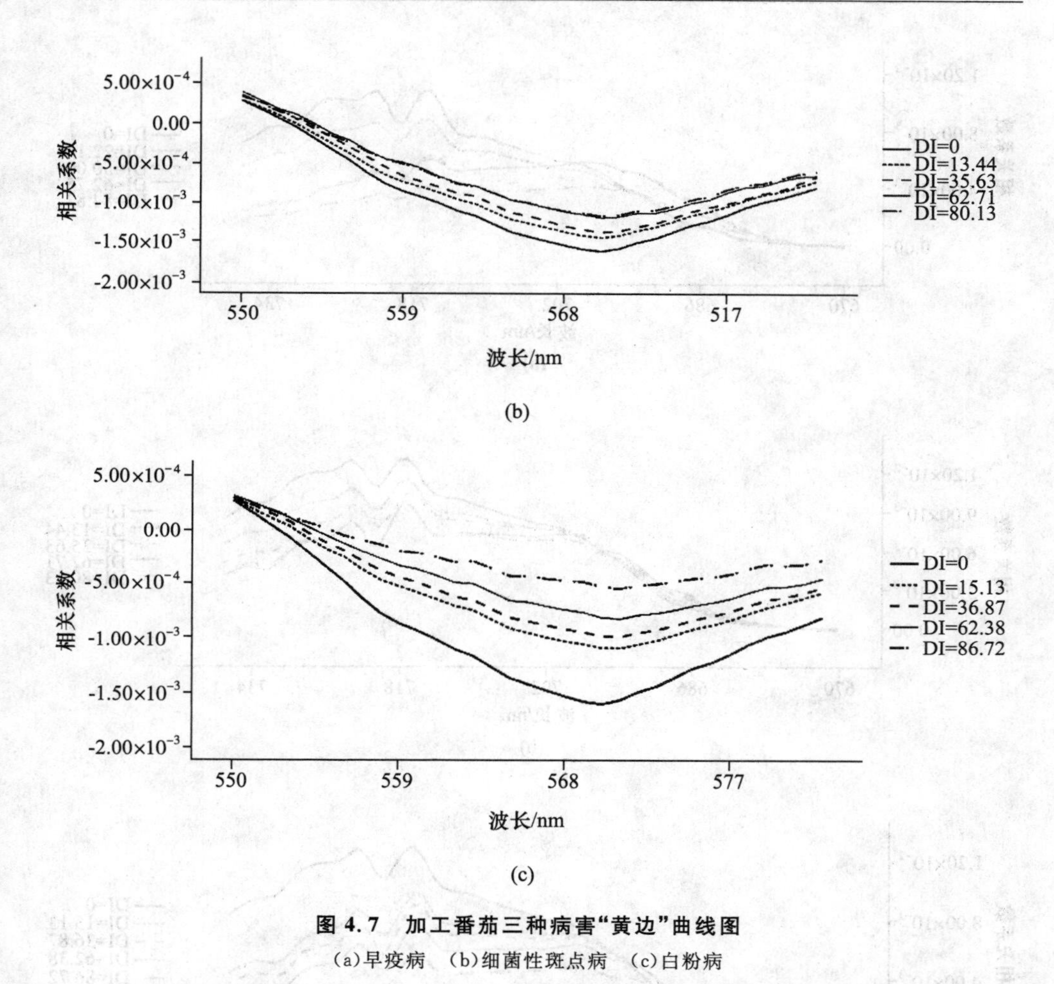

图 4.7　加工番茄三种病害"黄边"曲线图

(a)早疫病　(b)细菌性斑点病　(c)白粉病

在"红边"曲线图中，三种病害红边曲线的波峰是随着病情的加重而下降，同时，在"红边"曲线图中分别出现两个波峰。早疫病 0 级、1 级、2 级、3 级、4 级的最高波峰值为(0.0107,716)、(0.0088,717)、(0.0062,716)、(0.0060,716)、(0.0041,699)。细菌性斑点病 0 级、1 级、2 级、3 级、4 级的最高波峰值为(0.0130,717)、(0.0114,717)、(0.0103,717)、(0.0097,717)、(0.0095,717)。白粉病 0 级、1 级、2 级、3 级、4 级的最高波峰值为(0.0129,717)、(0.0098,717)、(0.0091,717)、(0.0078,717)、(0.0057,717)。三种病害中，在"红边"波峰最大变化值，早疫病为 0.0066，细菌性斑点病为 0.0035，白粉病为 0.0072，其中白粉病变化最大。

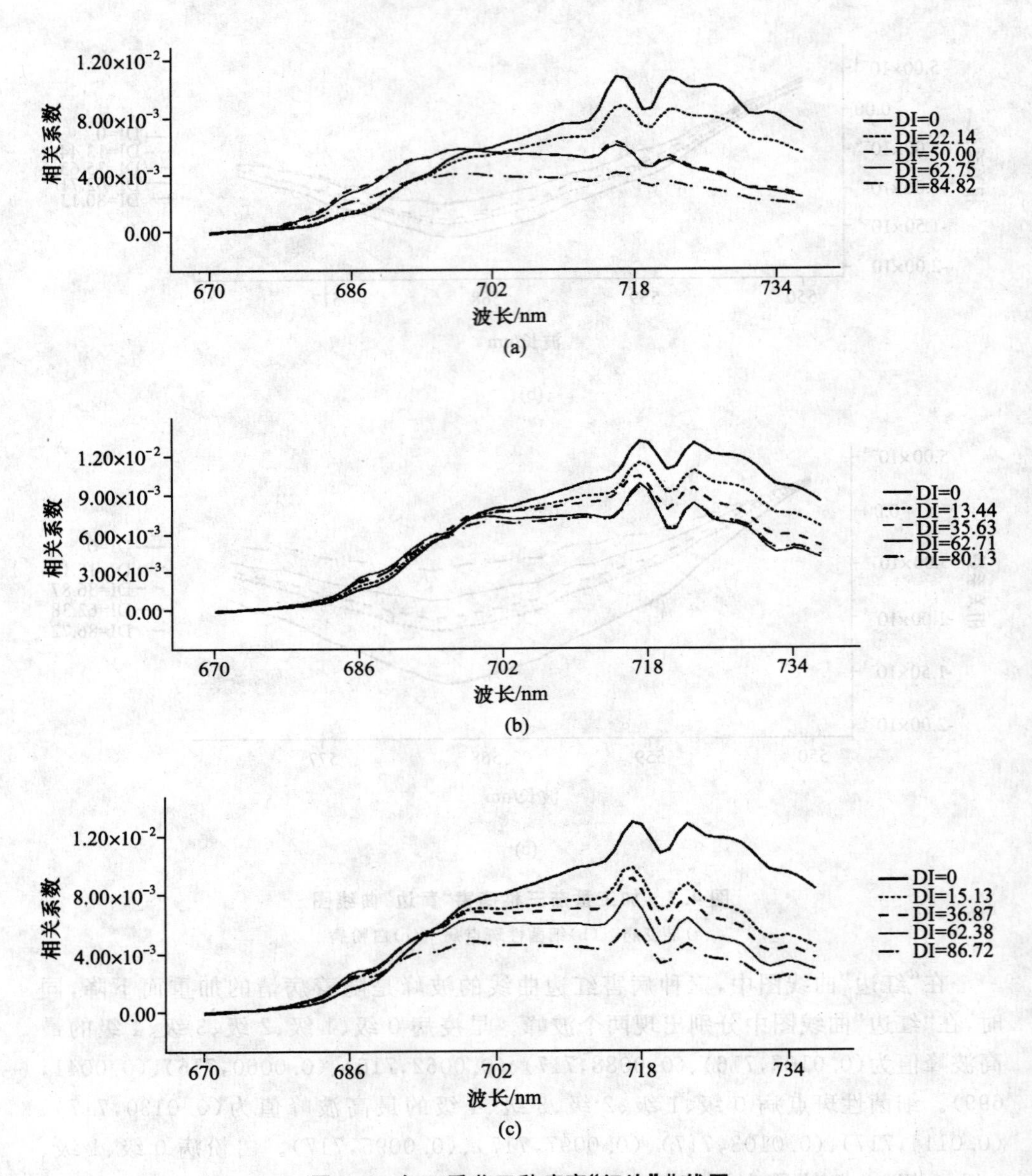

图 4.8　加工番茄三种病害“红边”曲线图

(a)早疫病　(b)细菌性斑点病　(c)白粉病

综上所述，通过以上比较发现，三种病害中白粉病的“三边”变化率最大，主要是因为“三边”定义为原始光谱反射率的一阶微分值，而一阶微分主要是反映原始光谱的变化。白粉病病害的机理和症状不同于早疫病和细菌性斑点病，白粉病是叶片表面生成白色絮状物，白色对光有强反射作用，导致光谱反射率与健康叶片的差别比较大，从而一阶微分值变化较大。

4.2.2　加工番茄病害冠层“绿峰”和“红谷”参数

如图 4.9 至图 4.11 所示，三种病害的“绿峰”位置随着 DI 的增加而向长波方向移动，早疫病移动范围为 553～560nm，细菌性斑点病移动范围为 551～555nm，白粉病移动范围为 551～560nm。“绿峰”反射率在病害初期随着 DI 的增加而上升，在病害后期反射率下降。“红谷”位置随着 DI 的增加而向长波方向移动，早疫病移动范围为 671～674nm，细菌性斑点病移动范围为 668～673nm，白粉病移动范围为 671～674nm，“红谷”反射率随着 DI 的增加而增加。

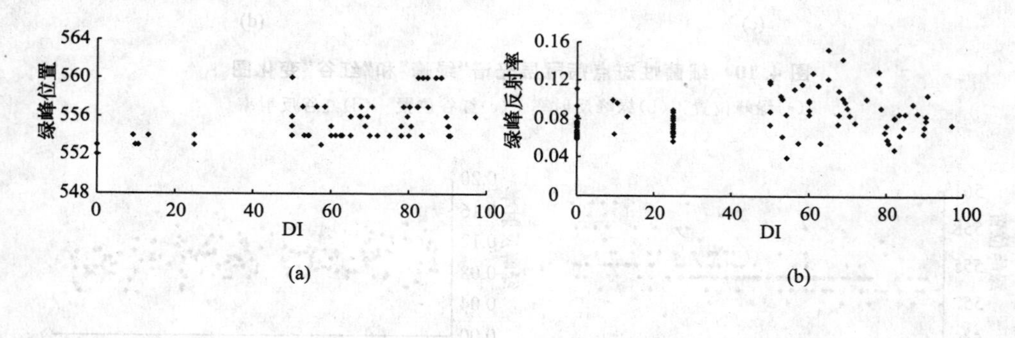

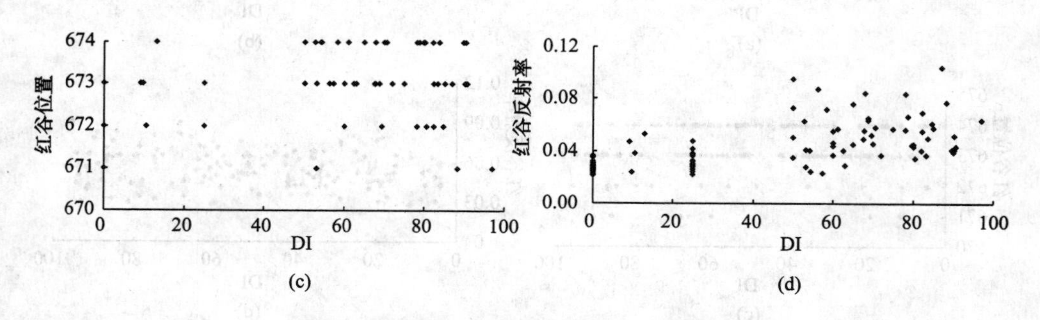

图 4.9　早疫病冠层光谱“绿峰”和“红谷”变化图

(a)绿峰位置　(b)绿峰反射率　(c)红谷位置　(d)红谷反射率

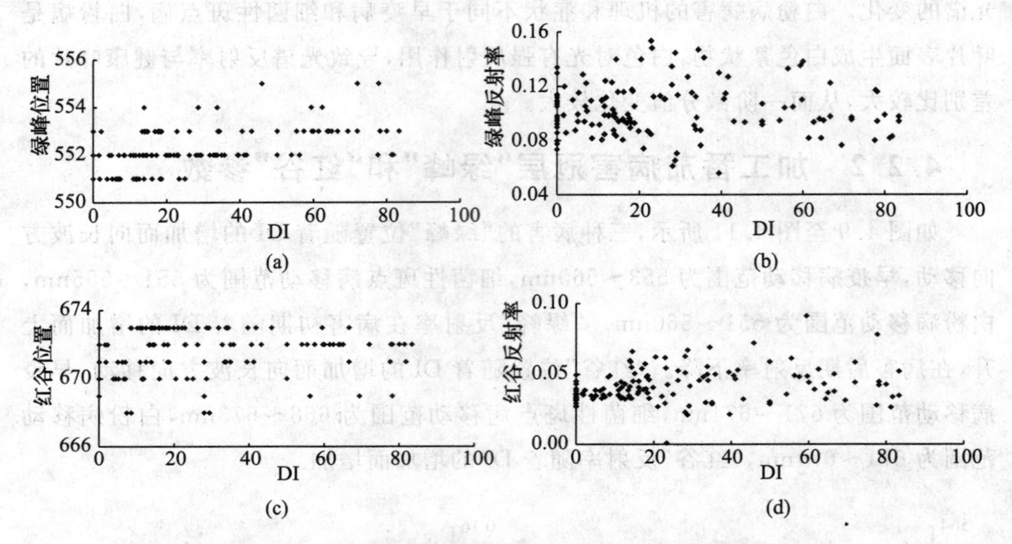

图 4.10　细菌性斑点病冠层光谱“绿峰”和“红谷”变化图

(a)绿峰位置　(b)绿峰反射率　(c)红谷位置　(d)红谷反射率

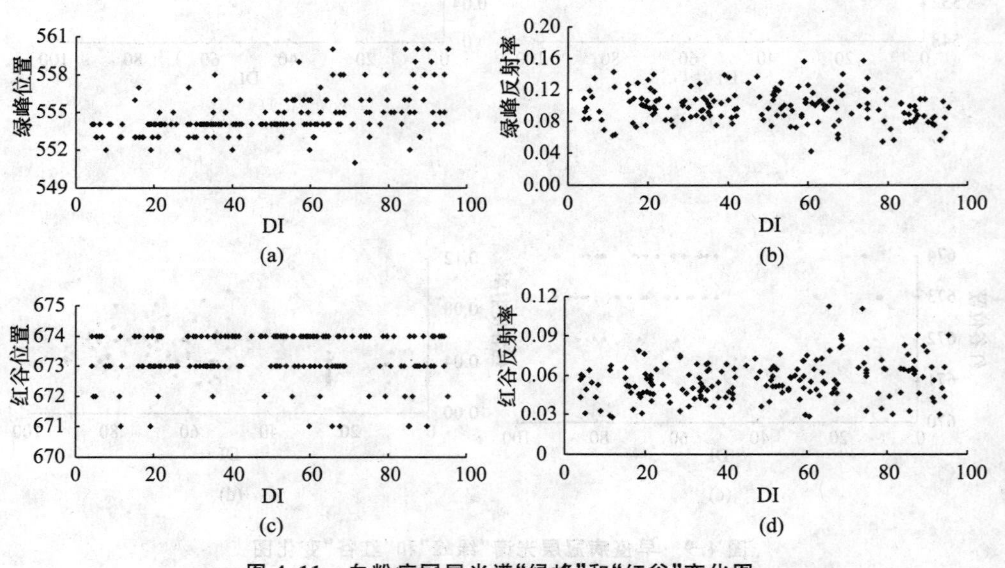

图 4.11　白粉病冠层光谱“绿峰”和“红谷”变化图

(a)绿峰位置　(b)绿峰反射率　(c)红谷位置　(d)红谷反射率

4.2.3　加工番茄病害冠层光谱面积参数

如图 4.12 至图 4.14 所示，三种病害 DI 与蓝边面积、黄边面积和红边面积的关系。依据加工番茄早疫病、细菌性斑点病和白粉病冠层光谱反射率，按照 0%（健康冠层）、0～25%、26%～50%、51%～75%、>75%分成 5 个等级，对面积参数求平均值，进行定量化描述。早疫病蓝边面积平均值依次为 0.034、0.033、0.031、0.032、0.029；黄边面积平均值依次为 −0.022、−0.020、−0.018、−0.014、−0.008；红边面积平均值依次为 0.366、0.300、0.317、0.247、0.175。细菌性斑点病蓝边面积平均值依次为 0.046、0.045、0.046、0.045、0.043；黄边面积平均值依次为 −0.031、−0.028、−0.026、−0.023、−0.021；红边面积平均值依次为 0.454、0.406、0.370、0.347、0.326。白粉病蓝边面积平均值依次为 0.040、0.041、0.039、0.039、0.031；黄边面积平均值依次为 −0.020、−0.021、−0.018、−0.014、−0.009；红边面积平均值依次为 0.342、0.346、0.313、0.272、0.215。可以得出，三种病害随着冠层病情的加重，蓝边面积和红边面积减少，而黄边面积增加。

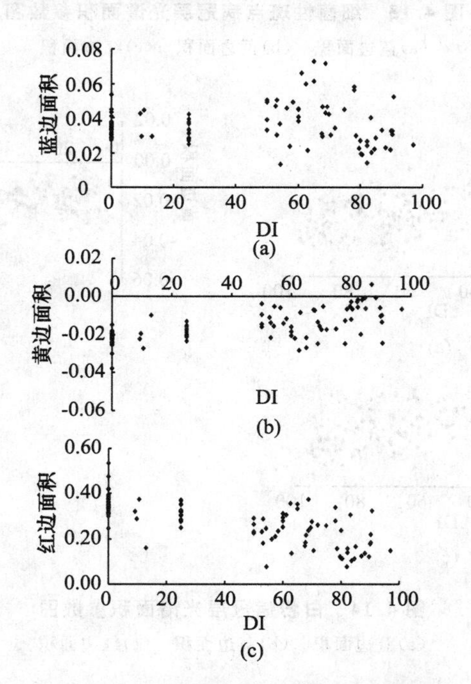

图 4.12　早疫病冠层光谱面积参数图

(a)蓝边面积　(b)黄边面积　(c)红边面积

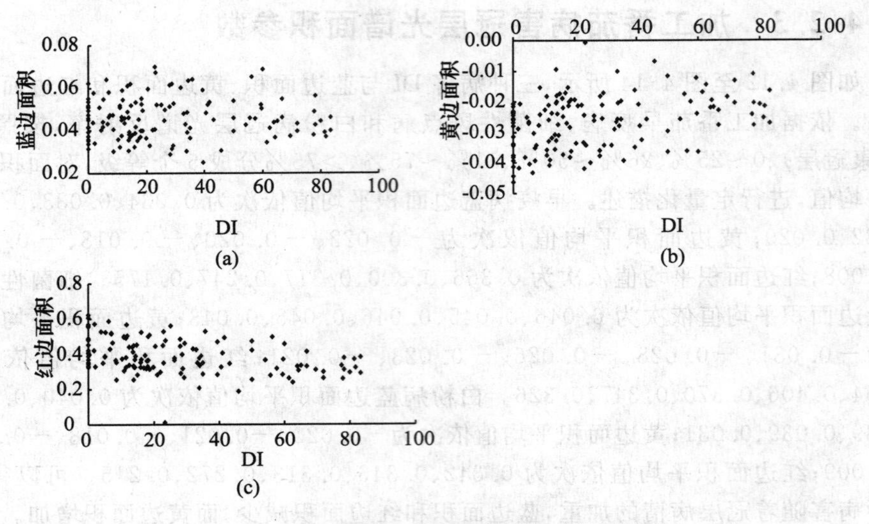

图 4.13　细菌性斑点病冠层光谱面积参数图

(a)蓝边面积　(b)黄边面积　(c)红边面积

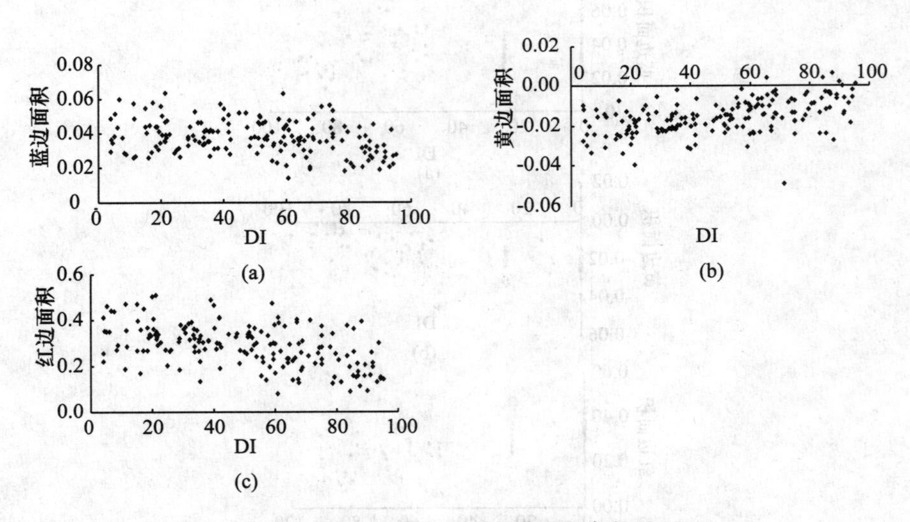

图 4.14　白粉病冠层光谱面积参数图

(a)蓝边面积　(b)黄边面积　(c)红边面积

通过以上的分析可知，病害冠层的“三边”、“绿峰”和“红谷”，以及蓝边面积、黄边面积和红边面积均发生明显变化，表明利用冠层光谱特征参数对病害进行监测具有可行性。

4.3　加工番茄冠层病害估测

通过 ASD 公司提供的 Viewspec Program 软件处理得到病害冠层原始光谱反射率数据和光谱曲线。对冠层原始光谱进行一阶微分、二阶微分和反对数光谱变换，消除背景光谱对目标光谱的影响。原始光谱反射率作对数变换后，可以增强可见光波段的光谱差异，减少光照条件变化导致的乘性因素的影响。

一阶微分光谱变换的公式为：

$$\rho'(\lambda_i)=[\rho(\lambda_{i+1})-\rho(\lambda_{i-1})]/2\Delta\lambda \tag{4.1}$$

式中，λ_i 为每个波段的波长；$\rho'(\lambda_i)$为波长为 λ_i 的一阶微分光谱，$\Delta\lambda$ 为波长 λ_{i-1} 到 λ_i 的间隔。

二阶微分光谱变换的公式为：

$$\rho''(\lambda_i)=[\rho'(\lambda_{i+1})-\rho'(\lambda_{i-1})]/2\Delta\lambda \tag{4.2}$$

式中，λ_i 为每个波段的波长；$\rho''(\lambda_i)$为波长为 λ_i 的二阶微分光谱，$\rho'(\lambda_i)$为波长为 λ_i 的一阶微分光谱，$\Delta\lambda$ 为波长 λ_{i-1} 到 λ_i 的间隔。

反对数变换是 $\mathrm{Log}(1/R)$，R 为波长对应的原始光谱反射率。其物理含义表示光谱吸收值，吸收成分与 $\mathrm{Log}(1/R)$ 值之间存在线性关系。

利用 Gram-Schmidt 与 PLS 融合由冠层光谱特征参数对加工番茄早疫病病情严重度进行多波段预测。Gram-Schmidt 算法的成分提取在概括冠层光谱特征参数的同时最大限度地解释病情严重度。同时，光谱特征参数含有具体的物理意义，能给病情严重度诊断有力的解释。对加工番茄冠层细菌性斑点病、白粉病的 DI 与原始光谱、光谱变换进行 PLS 分析，建立多波段综合诊断模型，为加工番茄大面积病害监测提供理论依据。

4.3.1　加工番茄冠层病害高光谱估测算法

如图 4.15 所示，对加工番茄冠层早疫病的原始光谱进行连续统去除变换，提取光谱特征参数。光谱特征参数和“三边”参数进行 Gram-Schmidt 变换，优选光谱变量，然后，进行光谱变量和病情指数的 PLS 建模分析，得出冠层早疫病的多波段诊断模型。对加工番茄冠层细菌性斑点病和白粉病的原始光谱、一阶微分光谱、二阶微分光谱、反对数光谱与 DI 进行相关分析，寻找它们的敏感光谱。对敏感光谱与 DI 进行 PLS 分析，生成加工番茄冠层细菌性斑点病和白粉病的多波段诊断模型。

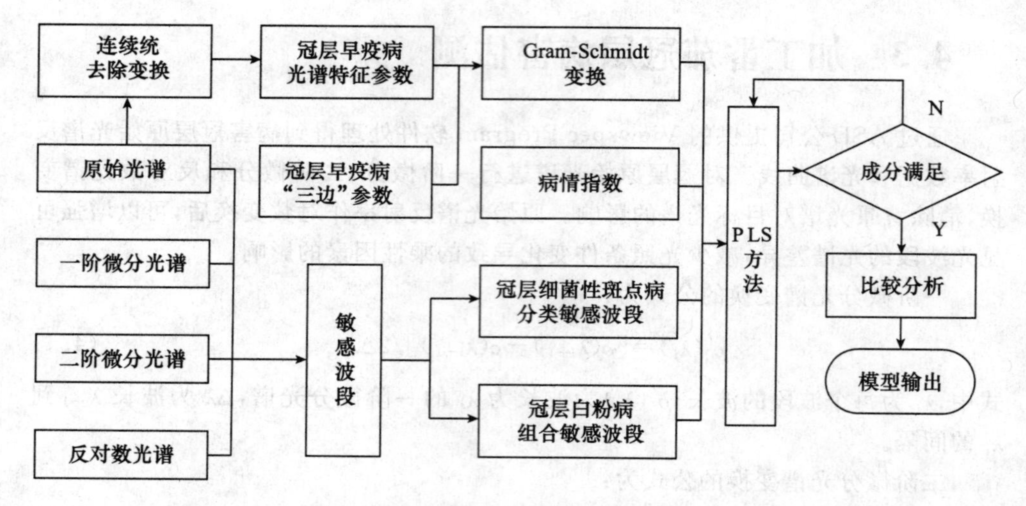

图 4.15　加工番茄冠层病害估测算法

4.3.2　加工番茄冠层早疫病高光谱估测

1. 加工番茄早疫病光谱特征参数

对病害冠层光谱反射率进行光谱特征提取，D_r、R_g、R_o 分别为“红边”、“绿峰”、“红谷”，λ_r、λ_g、λ_o 为“红边”、“绿峰”、“红谷”对应波长位置。对光谱曲线进行连续统去除变换提取光谱特征参数分别为 P(吸收波段波长位置)、H(吸收波段波长深度)、W(吸收波段波长宽度)、K(斜率)、S(吸收峰面积比)、A(吸收峰宽度和深度的综合参数)。光谱特征参数定义如表 4.1 所示，

表 4.1　光谱特征参数定义表

简称	光谱特征参数定义
D_r	红边，覆盖 670～737nm，D_r 是红边内 61 个一阶微分波段中最大波段值
λ_r	λ_r 是 D_r 对应的波长位置(nm)
R_g	绿峰，是波长 510～560nm 最大的波段反射率
λ_g	λ_g 是 R_g 对应的波长位置(nm)
R_o	红谷，是波长 640～680nm 最小的波段反射率
λ_o	λ_o 是 R_o 对应的波长位置(nm)
P	波段最小值对应的波长位置

续表

简称	光谱特征参数定义
H	波长位置对应的波段值
W	吸收峰深度一半处的吸收波段的整体宽度
K	$\theta=\tan^{-1}\{(R_e-R_s)/(\lambda_e-\lambda_s)\}$，$R_e$、$R_s$ 为吸收终点和起点的波段反射率，λ_e、λ_s 为吸收峰终点和起点的波长位置
S	$S=A_1/A$，吸收峰对称度，A_1 为吸收峰左半端面积，A 为吸收峰整体面积
A	吸收峰宽度和深度的综合参数

2. Gram-Schmidt 正交变换

Gram-Schmidt 算法是应用于线性代数中的正交化无关向量组和信号处理中正交信号的空域谱估计（王惠文等，2008a；2008b；2011）。Gram-Schmidt 正交变换算法是任意一组线性无关向量为正交向量的集合。

定理为：设自变量 X 和因变量 Y，自变量 $x_1, x_2 \cdots. x_n$，经过 Gram-Schmidt 正交变换成为正交集合：

$$X=ZR$$

Z 为

$$z_1=x_1 \tag{4.3}$$

$$z_2=x_2-\frac{x_2' z_1}{z_1' z_1} z_1 \tag{4.4}$$

$$z_3=x_3-\frac{x_3' z_1}{z_1' z_1} z_1-\frac{x_3' z_2}{z_2' z_2} z_2 \tag{4.5}$$

$$\vdots$$

$$z_s=x_s-\sum_{k-1}^{s-1} \frac{x_s' z_k}{z_k' z_k} z_k \tag{4.6}$$

R 为

$$R=\begin{bmatrix} 1 & r_2^1 & r_3^1 & \cdots & r_s^1 \\ 0 & 1 & r_3^2 & \cdots & r_s^2 \\ 0 & 0 & 1 & \cdots & r_s^3 \\ \vdots & \vdots & \vdots & & \vdots \\ 0 & 0 & 0 & \cdots & 1 \end{bmatrix} \tag{4.7}$$

$$R_j^k=\frac{x_j' z_k}{z_k' z_k} \quad j=2,3\cdots,s; k=1,2\cdots,s-1$$

R 为可逆矩阵，则

$$Z = XR^{-1} \tag{4.9}$$

假设 Y 与 Gram-Schmidt 变量 Z 有线性关系，并且线性回归方程为：

$$Y = Z\beta \tag{4.10}$$

则

$$Y = XR^{-1}\beta \tag{4.11}$$

利用 Gram-Schmidt 正交变换算法对自变量进行直角变换，解决了自变量信息冗余的问题。通过对 Z 的优选可以完成对自变量的筛选，在解释因变量的同时最大限度解释了自变量。

3. 连续统去除法

连续统去除法（浦瑞良等，2000），类似包络线去除法，是一种光谱分析方法，定义为手工逐点直线连接那些凸出的"峰"值点，并使折线在"峰"值点上的外角大于180°。连续统去除法就是用实际光谱波段值去除连续统上相应波段值。它突出了光谱曲线的吸收和反射特征，并且将其归一化到一个统一的光谱背景上，有利于与其他光谱曲线进行特征数值的比较。

4. 冠层早疫病光谱特征分析

加工番茄冠层早疫病光谱反射率主要受本身病害严重度的影响，同时还受采样波段敏感性影响。可见光波段是指对电磁波主要的吸收波段，"红谷"、"绿峰"、"红边"最能反映病害严重度的变化。因此，选择 380～760nm 冠层光谱原始光谱反射率的敏感参数"红谷"、"绿峰"、"红边"及相应波段位置。利用连续统去除法对380～760nm 光谱反射率进行归一化处理，选取波段深度、波段位置、波段宽度、斜率、面积特征参数。

对 102 个样本，按照 DI 值 0、0～25％、26％～50％、50％～75％、＞75％分成五个等级，对相应的光谱反射率求平均值，得出不同 DI 的原始光谱反射率曲线图和不同 DI 的连续统去除变换曲线图。如图 4.15 所示，D_r、R_g、R_o 分别为"红边"、"绿峰"、"红谷"。λ_r、λ_g、λ_0 为"红边"、"绿峰"、"红谷"对应波段位置。从图 4.16 可得出，不同 DI 等级的光谱反射率曲线在 380～710nm 范围差别不大，711～760nm 范围内光谱反射率升高，进入近红外反射平台，不同 DI 等级的光谱反射率曲线随着 DI 平均值的升高光谱反射率降低。也就是说随着早疫病的加重，"红谷""绿峰""红边"发生了变化，其中"红边"的变化最显著，随着病害的加重向长波方向移动，在表 4.2 中"红边"的变化率最大，"红边"是反映病害胁迫的良好指标。

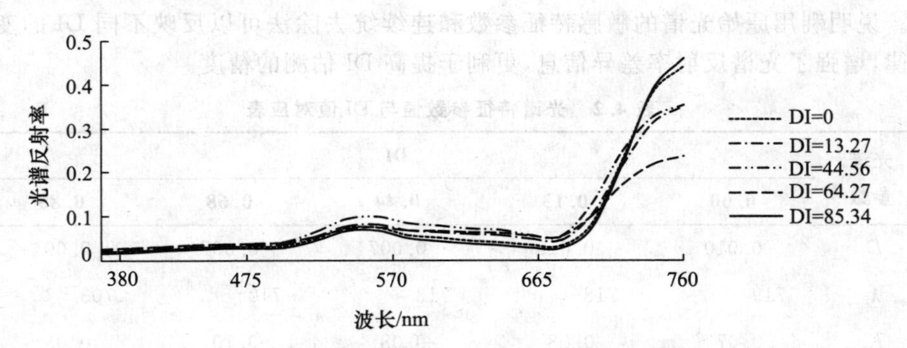

图 4.16　不同 DI 的原始光谱反射率曲线图

从图 4.17 中可以得出连续统去除变换光谱反射率，对原始光谱反射率进行了信息加强，增强了信息的差异。P 为波段深度，H 为波段深度对应的波段位置，W 为波段宽度。

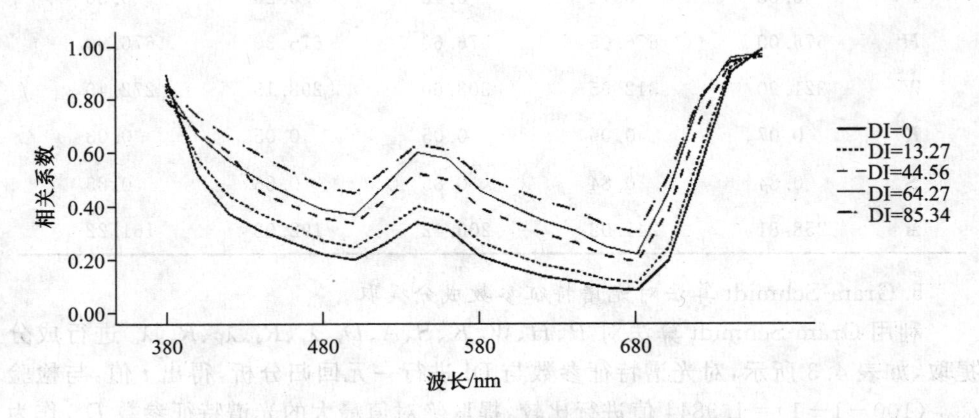

图 4.17　不同 DI 的连续统去除变换曲线图

在表 4.2 中可以看出，随着病情的加重吸收谷变浅，吸收宽度变窄。吸收谷处的吸收深度由病叶对太阳光的吸收能力决定的，当加工番茄受早疫病胁迫时，叶片受到病菌孢子的侵害，反射率下降，光谱曲线的吸收深度上升。而吸收谷的位置仅由植被的吸收特性决定，而受植被的生化组分变化的影响很小。K 为吸收曲线的斜率，$S=A_1/A$ 吸收峰对称度，A 为吸收峰总面积。从表 4.2 中可以得出 K 值随 DI 的加重而减小，K 主要受起点和终点波段反射率的变化影响，说明连续统去除变换曲线与水平线的夹角变小了。而 A 吸收峰的面积，受到吸收谷深度的影响也发生了变化，由表 4.2 可知变化率为 37.8%。S 同时受 A_1 和 A 的影响，变化不明显。说明利用原始光谱的敏感特征参数和连续统去除法可以反映不同 DI 的变化规律，增强了光谱反射率差异信息，更利于提高 DI 估测的精度。

表 4.2　光谱特征参数值与 DI 值对应表

光谱参数	DI				
	0.00	**0.13**	**0.44**	**0.68**	**0.85**
D_r	0.010	0.010	0.007	0.007	0.004
λ_r	719	718	713	710	703
R_g	0.07	0.08	0.08	0.10	0.08
λ_g	553	553	555	556	557
R_o	0.03	0.03	0.04	0.05	0.05
λ_o	672	673	673	673	673
P	0.08	0.11	0.18	0.20	0.30
H	676.00	676.05	676.60	676.30	676.90
W	321.90	312.95	303.60	298.15	272.40
K	0.07	0.06	0.05	0.05	0.03
S	0.84	0.84	0.85	0.86	0.85
A	258.81	241.03	206.42	192.02	161.22

5. Gram-Schmidt 算法对光谱特征参数成分提取

利用 Gram-Schmidt 算法对 P、H、W、K、S、A、D_r、λ_r、R_g、λ_g、R_o、λ_o 进行成分提取，如表 4.3 所示，对光谱特征参数与 DI 进行一元回归分析，得出 t 值，与检验 $t_{0.025}(100-1-1)=1.9844$ 值进行比较，提取绝对值最大的光谱特征参数 D_r，作为主成分 z_1，对剩余的光谱特征参数分别与 z_1 做 Gram-Schmidt 正交变换，得到 P_2、H_2、W_2、K_2、S_2、A_2、λ_{r2}、R_{g2}、λ_{g2}、R_{o2}、λ_{o2}，与 DI 做一元回归分析，得出 t 值，与 $t_{0.025}(100-1-2)=1.9847$ 比较，提取绝对值最大的光谱特征参数 λ_{g2} 为 z_2，如此迭代直到所有的 t 值均不通过检验。z_1、z_2、z_3 为利用 Gram-Schmidt 算法对 P、H、W、K、S、A、D_r、λ_r、R_g、λ_g、R_o、λ_o 提取的主成分。

$$z_1=D_r \tag{4.12}$$

$$z_2=\lambda_g.\frac{\lambda_g{}' z_1}{z_1{}' z_1}z_1 \tag{4.13}$$

$$z_3=A-\frac{A' z_1}{z_1{}' z_1}z_1-\frac{A' z_2}{z_2{}' z_2}z_2 \tag{4.14}$$

z_1、z_2、z_3 分别为“红边”、“绿峰”波长位置的正交变换和连续统去除变换面积 A 的正交变换，物理解释是“红边”、“绿峰”波长位置和连续统去除变换面积 A，是反映 DI 的主要光谱特征参数。z_1、z_2、z_3 对 P、H、W、K、S、A、D_r、λ_r、R_g、λ_g、R_o、λ_o 进行了信息的概括，同时又最大限度地解释了 DI 值。

表 4.3　Gram-Schmidt 算法对光谱特征参数成分提取表

t 值	变量											
$t_{0.025}(100-1-1)=1.9844$	P	H	W	K	S	A	D_r	λ_r	R_g	λ_g	R_o	λ_o
	10.583	4.520	−4.227	−11.730	3.846	−9.483	−13.999	−8.227	3.166	−0.605	8.265	3.400
$t_{0.025}(100-1-2)=1.9847$	P_2	H_2	W_2	K_2	S_2	A_2	λ_{r2}	R_{g2}	λ_{g2}	R_{o2}	λ_{o2}	Z_1
	1.392	−1.207	0.340	4.870	5.112	−0.904	−2.540	7.025	−1.096	4.495	0.602	
$t_{0.025}(100-1-3)=1.9849$	P_3	H_3	W_3	K_3	S_3	A_3	λ_{r3}	R_{g3}	R_{o3}	λ_{o3}	Z_2	Z_1
	−1.806	−1.267	0.529	0.550	1.413	2.310	0.575	−1.621	−1.865	−1.454		
$t_{0.025}(100-1-4)=1.9852$	P_4	H_4	W_4	K_4	S_4	λ_{r4}	R_{g4}	R_{o4}	λ_{o4}	Z_3	Z_2	Z_1
	−0.048	−0.470	−1.930	0.728	0.609	0.212	−1.651	−1.165	−1.522			

6. 细菌性斑点病冠层 DI 的 PLS 分析

在表 4.4 中，Rd(t_1)表示第一主成分对各变量的解释能力，Rd(t_2)表示第二主成分对各变量的解释能力，Y 表示因变量即由 DI 组成的矩阵，X 表示自变量 z_1、z_2、z_3 矩阵。Rd(t_1)对 DI 的解释能力为 0.739，Rd(t_2)对 DI 的解释能力为 0.001，Rd(t_1) 和 Rd(t_2)总体对 Y(DI)的解释能力最高为 0.740。Rd(t_1)对 z_1 的解释能力最高为 0.986，Rd(t_2)对 z_2 的解释能力最高为 0.931，Rd(t_1)和 Rd(t_2)对自变量 X 的解释能力为 0.668。

表 4.4　早疫病 PLS 成分解释变量分析

变量	Rd(t_1)	Rd(t_2)	Rd(cum)	Rd(X/Y)
Y	0.739	0.001	0.828	0.740
Z_1	0.986	0.005	0.991	
Z_2	0.012	0.931	0.943	0.668
Z_3	0.005	0.064	0.069	

如图 4.18 所示，在 PLS 分析中，用 $w_1^* r_1/w_2^* r_2$ 平面图可以表示 X 与 Y 各组分之间的相关性，如果两变量的位置十分接近，认为它们有较强的相关关系。可以得出，DI 与 z_4 位置最短，相关性最强；自变量值 z_3 和 z_4 的距离最近，相关性最强。

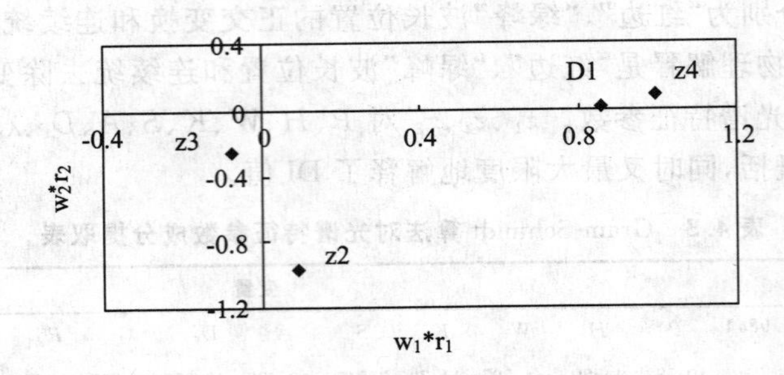

图 4.18 冠层早疫病 $w_1^* r_1/w_2^* r_2$ 平面图

7. DI 估测模型与检验

如表 4.5 所示，早疫病冠层光谱反射率估测模型，对因变量 Y 的解释能力为 0.739，Q^2 为 0.691，通过了 Q^2 的界值。

表 4.5 早疫病冠层光谱反射率估测模型

模型	R^2 VY(cum)	Q^2 界值	Q^2
$Y=1.298+0.854z_1+0.061z_2-0.071z_3$	0.739	0.05	0.691

图 4.19 为观察值与预测值的拟合图，得出拟合的 R^2 为 0.7371，说明拟合效果较好。

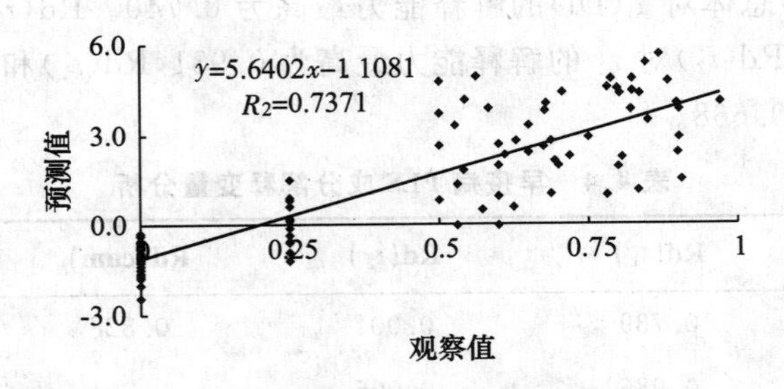

图 4.19 早疫病冠层观察值与预测值拟合图

8. 基于 PLS 的加工番茄冠层早疫病高光谱估测结果

①对冠层 380～760nm 光谱反射率进行连续统去除变换提取光谱特征参数 P、H、W、K、S、A，提取原始光谱 D_r、λ_r、R_g、λ_g、R_o、λ_o。采用 Gram-Schmidt 算法对输入变量 P、H、W、K、S、A、D_r、λ_r、R_g、λ_g、R_o、λ_o 进行特征优选，提取了 z_1、z_2、z_3 三个成分。

②通过 PLS 对加工番茄早疫病冠层 DI 进行预测，得到模型对 DI 的解释能力

为 0.739，模型观察值与预测值的拟合 R^2 为 0.7371。说明模型能够对加工番茄早疫病病情严重度进行准确的诊断。

4.3.3 加工番茄冠层细菌性斑点病高光谱估测

1. 加工番茄细菌性斑点病 DI 与冠层光谱反射率的相关分析

从图 4.20 得出，DI 与原始光谱、反对数光谱相关曲线波峰波谷低于 DI 与一阶、二阶变换光谱相关曲线，说明一阶、二阶变换光谱对原始光谱进行了信息增强。DI 与原始光谱反射率的相关系数绝对值大于 0.5 有 733～924nm、2 488nm、2 491nm、2 493nm、2 494nm、2 497nm、2 498nm；DI 与反对数光谱的相关系数绝对值大于 0.5 有 2 487nm、2 488nm、2 493nm、2 494nm、2 497nm；DI 与一阶微分光谱的相关系数绝对值大于 0.7 有 379nm、755nm、868nm、874nm、877nm；DI 与二阶微分光谱反射率的相关系数绝对值大于 0.7 有 456nm、459nm、461nm、521nm、578nm、617nm、743nm、778nm。DI 分别与这些光谱进行分析，找出 DI 与原始光谱、一阶、二阶、反对数光谱的绝定系数 R^2 和方程显著性 F 值检验比较高的五个波段，758nm、773nm、779nm、784nm、2 493nm、FD_{379}、FD_{755}、FD_{868}、FD_{874}、FD_{877}、SD_{456}、SD_{521}、SD_{578}、SD_{617}、SD_{778}、$1/\log_{(2\,487)}$、$1/\log_{(2\,488)}$、$1/\log_{(2\,493)}$、$1/\log_{(2\,494)}$、$1/\log_{(2\,497)}$，作为 DI 光谱响应的敏感波段。

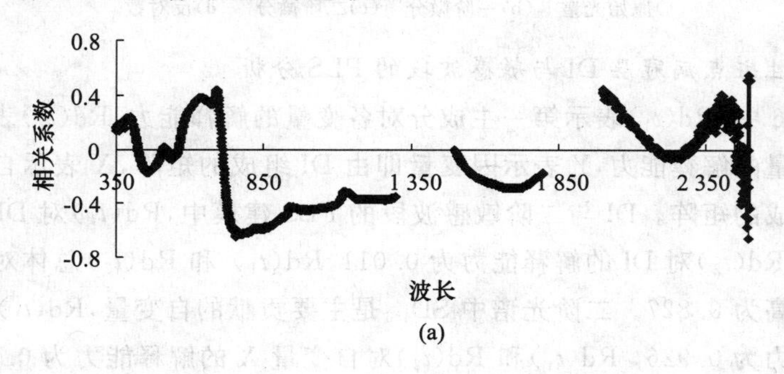

(a)

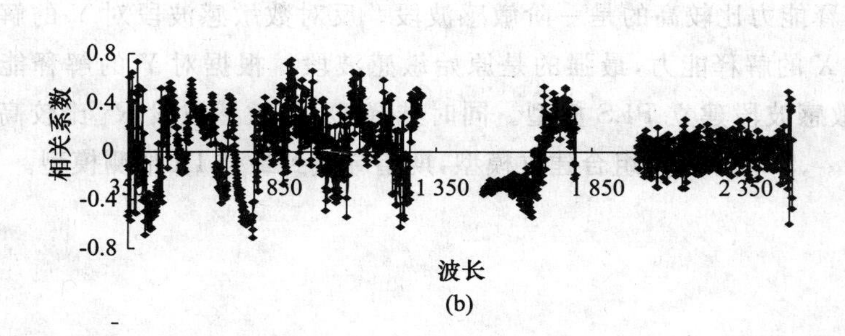

(b)

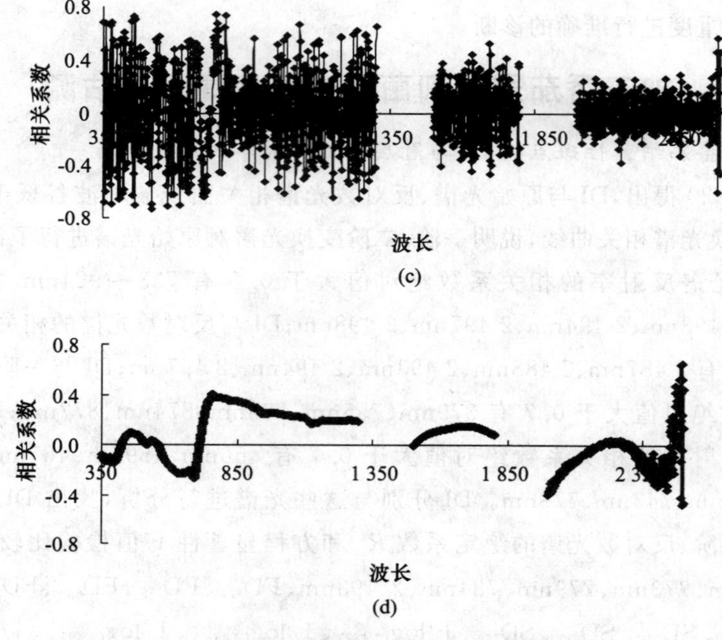

图 4.20　DI 与细菌性斑点病冠层光谱相关分析

(a)原始光谱　(b)一阶微分　(c)二阶微分　(d)反对数

2. 细菌性斑点病冠层 DI 与敏感波段的 PLS 分析

在表 4.6 中，Rd(t_1)表示第一主成分对各变量的解释能力，Rd(t_2)表示第二主成分对各变量的解释能力，Y 表示因变量即由 DI 组成的矩阵，X 表示自变量即由敏感波段组成的矩阵。DI 与二阶敏感波段的 PLS 建模中，Rd(t_1)对 DI 的解释能力为 0.815，Rd(t_2)对 DI 的解释能力为 0.011，Rd(t_1) 和 Rd(t_2)总体对 Y(DI)的解释能力最高为 0.827。二阶光谱中 SD_{456} 是主要贡献的自变量，Rd(t_1)和 Rd(t_2)总体解释能力为 0.926。Rd(t_1)和 Rd(t_2)对自变量 X 的解释能力为 0.794。其次对 Y 的解释能力比较高的是一阶敏感波段。反对数敏感波段对 Y 的解释能力比较低。对 X 的解释能力，最强的是原始敏感波段。根据对 Y 的解释能力选择一阶、二阶敏感波段建立 PLS 模型。同时选择 DI 与敏感波段 R^2 比较高的 FD_{379}、FD_{877}、SD_{456}、SD_{521}、SD_{778}组合建立模型，期望寻找到最佳 DI 估测模型。

表 4.6　DI 与敏感波段的 PLS 分析

变量	Rd(t_1)	Rd(t_2)	变量	Rd(t_1)	Rd(t_2)	变量	Rd(t_1)	Rd(t_2)	变量	Rd(t_1)	Rd(t_2)
DI	0.351	0.070	DI	0.767	0.022	DI	0.815	0.011	DI	0.377	0.015
R_{758}	0.943	0.055	FD_{379}	0.755	0.035	SD_{456}	0.835	0.091	$1/\log_{(2\,487)}$	0.557	0.013
R_{773}	0.942	0.057	FD_{755}	0.651	0.218	SD_{521}	0.741	0.001	$1/\log_{(2\,488)}$	0.639	0.004
R_{779}	0.942	0.057	FD_{868}	0.869	0.018	SD_{578}	0.661	0.025	$1/\log_{(2\,493)}$	0.688	0.042
R_{784}	0.942	0.057	FD_{874}	0.837	0.094	SD_{617}	0.622	0.199	$1/\log_{(2\,494)}$	0.573	0.119
R_{2493}	0.147	0.852	FD_{877}	0.832	0.042	SD_{778}	0.694	0.101	$1/\log_{(2\,497)}$	0.175	0.791
Y	0.421		Y	0.789		Y	0.827		Y		0.392
X	0.998		X	0.871		X	0.794		X		0.720

3. DI 估测模型与检验

从表 4.7 得出二阶敏感波段与 DI 的 PLS 模型，对 Y 即对 DI 的解释能力最强为 0.824，同时 RMSE 比较低为 0.127。通过观察值与预测值的比较发现，如图 4.21 所示，二阶敏感波段与 DI 的 PLS 模型观察值与预测值 R^2 为 0.7276。因此，二阶敏感波段与 DI 的 PLS 模型是 DI 的最佳估测模型。

表 4.7　DI 的 PLS 估测模型与检验

名称	模型	R^2VY(cum)	R^2VX(cum)	RMSE	Q^2
一阶	$Y=1.114+0.288\,FD_{379}-0.368FD_{755}-0.143\,FD_{868}+0.062\,FD_{874}+0.379\,FD_{877}$	0.789	0.871	0.134	0.662
二阶	$Y=1.114+0.084\,SD_{456}-0.223\,SD_{521}-0.251\,SD_{578}-0.301\,SD_{617}+0.152\,SD_{778}$	0.824	0.794	0.127	0.675
组合	$Y=1.114+0.129\,SD_{379}+0.358\,SD_{877}+0.157\,SD_{456}-0.125\,SD_{521}+0.183\,SD_{778}$	0.805	0.853	0.132	0.657

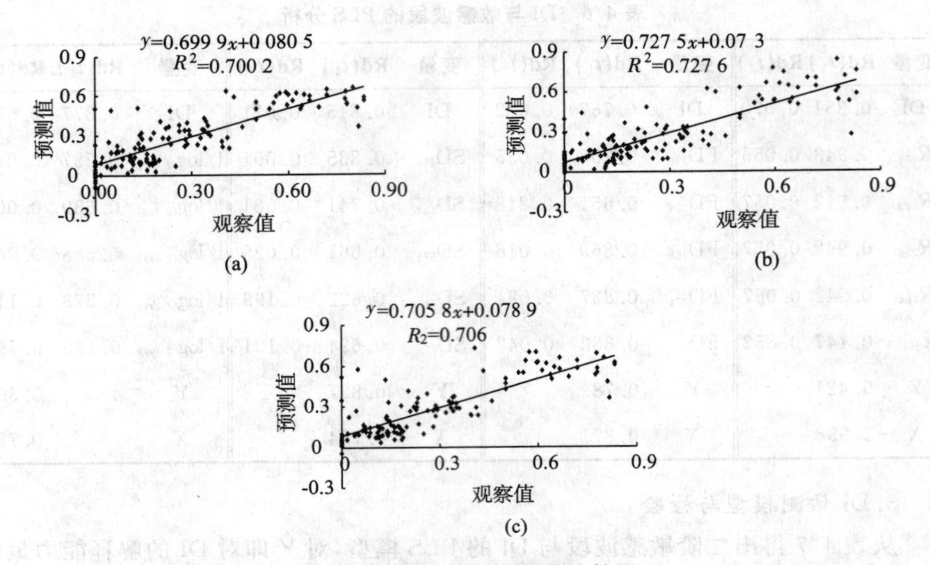

图 4.21　观察值和预测值比较图

(a)一阶　(b)二阶　(c)组合

4. 基于 PLS 的加工番茄冠层细菌性斑点病高光谱估测结果

①通过对加工番茄细菌性斑点病冠层光谱和 DI 的测定，进行光谱一阶、二阶、反对数变换，寻找 DI 的光谱响应敏感波段为 758nm、773nm、779nm、784nm、2 493nm、FD_{379}、FD_{755}、FD_{868}、FD_{874}、FD_{877}、SD_{456}、SD_{521nm}、SD_{578nm}、SD_{617}、SD_{778}、$1/\log_{(2\,487)}$、$1/\log_{(2\,488)}$、$1/\log_{(2\,493)}$、$1/\log_{(2\,494)}$、$1/\log_{(2\,497)}$。

②利用 PLS 对敏感光谱进行比较得出二阶敏感波段与 DI 的模型为最佳 DI 估测模型，可以对大面积加工番茄细菌性斑点病进行监测。

4.3.4　加工番茄冠层白粉病高光谱估测

1. 加工番茄白粉病 DI 与冠层光谱反射率的相关分析

如图 4.22 所示，DI 与原始光谱反射率的相关性比较弱，正相关的最大值为 0.430，为 2 024 nm，负相关最小值为－0.487，为 758 nm。DI 与一阶微分光谱的相关曲线波动比较大，正相关的最大值为 0.571，为 1 184 nm，负相关的最小值为－0.574，为 721nm。DI 与二阶微分光谱的相关曲线波段也比较大，正相关最大值为 0.544，为 739nm，负相关最小值为－0.574，为 721nm。DI 与反对数光谱相关性低于一阶、二阶微分光谱，正相关最大值为 0.491，波段为 759nm，负相关最小值

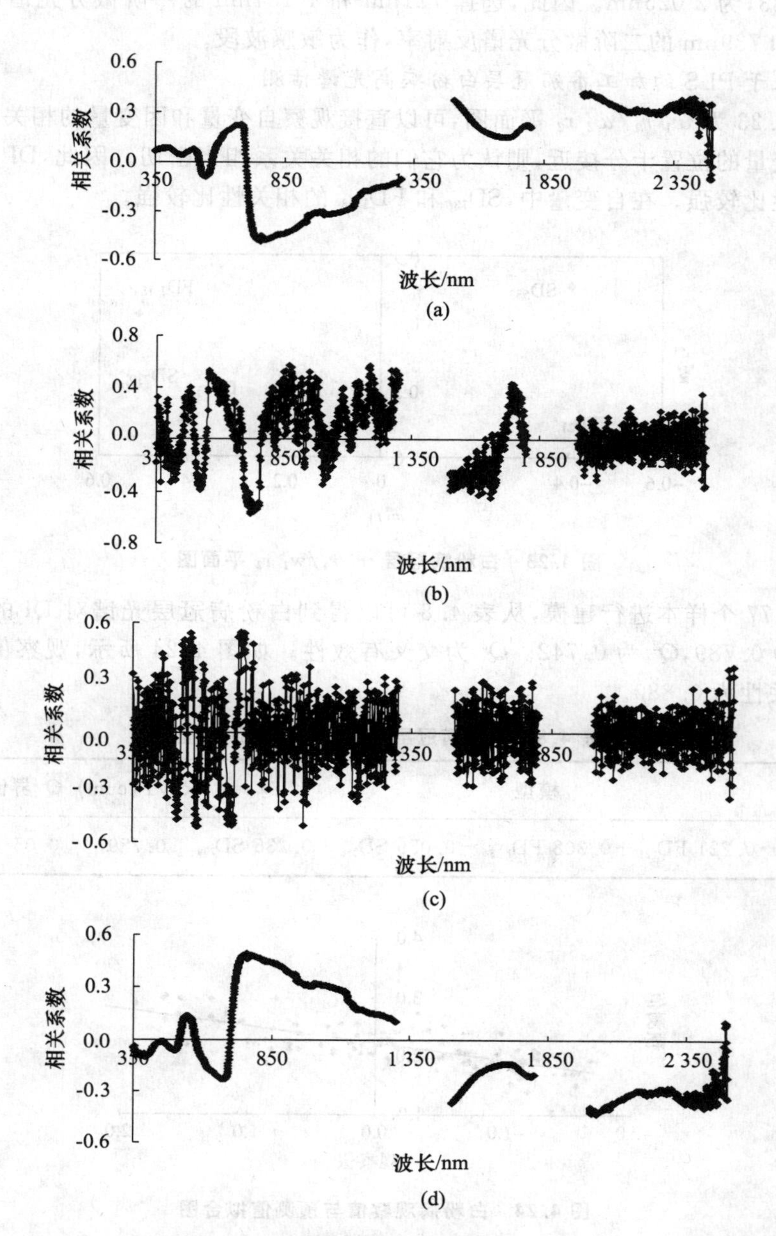

图 4.22　DI 与白粉病冠层光谱的相关分析

(a)原始光谱　(b)一阶微分　(c)二阶微分　(d)反对数

为−0.433,为 2 025nm。因此,选择 721nm 和 1 184nm 的一阶微分光谱反射率,583nm 和 739nm 的二阶微分光谱反射率,作为敏感波段。

2. 基于 PLS 的加工番茄冠层白粉病高光谱估测

图 4.23 为 $w_1^* r_1/w_2^* r_2$ 平面图,可以直接观察自变量和因变量的相关关系图。如果两变量的位置十分接近,则认为它们的相关关系相当密切。因此,DI 与 SD_{739} 的相关性比较强。在自变量中,SD_{739} 和 $FD_{1\,184}$ 的相关性比较强。

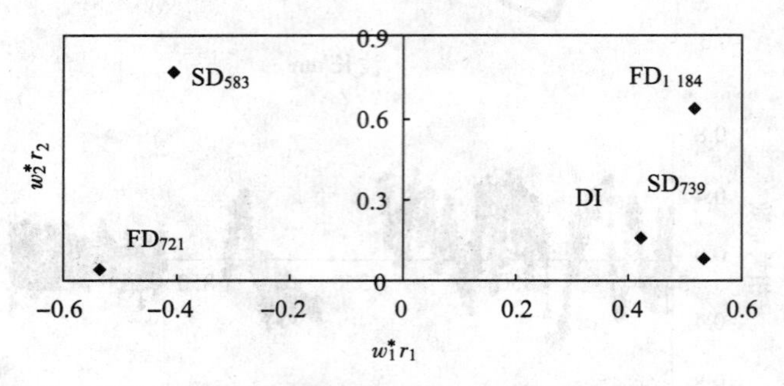

图 4.23　白粉病冠层 $w_1^* r_1/w_2^* r_2$ 平面图

对 177 个样本进行建模,从表 4.8 可以得到白粉病冠层光谱对 DI 的估测模型,R^2 为 0.789,Q^2 为 0.742。Q^2 为交叉有效性。如图 4.24 所示,观察值与预测值的相关性为 0.880。

表 4.8　白粉病冠层光谱反射率估测模型

模型	R^2 VY(cum)	Q^2 界值	Q^2
$Y=2.227-0.221\,FD_{721}+0.308\,FD_{1\,184}-0.059\,SD_{868}+0.235\,SD_{739}$	0.789	0.05	0.742

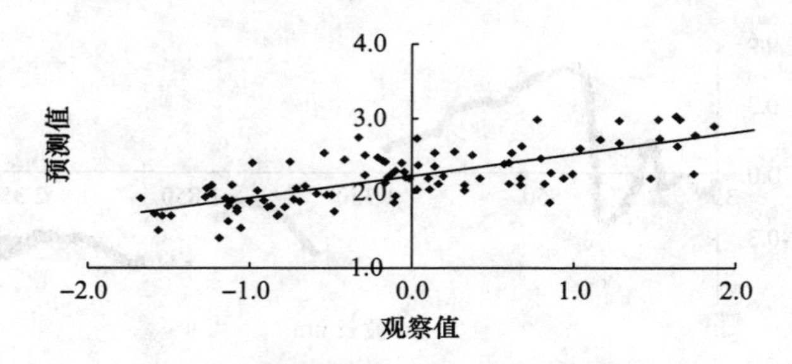

图 4.24　白粉病观察值与预测值拟合图

3. 基于 PLS 的加工番茄冠层白粉病高光谱估测结果

①通过对加工番茄白粉病冠层光谱和 DI 的测定,进行光谱一阶、二阶、反对数

变换，寻找 DI 的光谱响应敏感波段为 FD_{721}、$FD_{1\ 184}$、SD_{583}、SD_{739}。

②利用 PLS 法，对敏感波段建立 DI 估测模型，R^2 为 0.789，Q^2 为 0.742，观察值与预测值的相关性为 0.880。

4.4　本章小结

本章对加工番茄三种病害的冠层原始光谱反射率，进行一阶、二阶微分和反对数光谱变换，以消除背景光谱的影响，增强光谱差异。首先分析了冠层病害光谱特征，然后利用 Gram-Schmidt 和 PLS 融合对冠层早疫病进行估测，运用 PLS 对冠层细菌性斑点病和白粉病建立多波段综合诊断模型，实现加工番茄冠层病害严重度的监测。

1. 冠层病害光谱特征分析

不同病害严重度加工番茄冠层高光谱特征为，在可见光波段的差异低于近红外波段。不同发育期加工番茄冠层高光谱特征为，与健康加工番茄冠层的光谱反射率相比，病害冠层光谱反射率对“红光”、“蓝光”的吸收增强，对“绿光”的反射增强。在近红外波段，随着生育期的发展，反射率先升高，之后，病害的加重反射率降低。在短波红外波段，随着加工番茄病害的加重，光谱反射率升高。

分别从“蓝边”、“黄边”、“红边”进行比较，在“蓝边”曲线图中，波峰随着病害的加重而下降，在“黄边”曲线图中，三种病害波谷的变化规律相同，随着病情的加重，波谷上升。在“红边”曲线图中，三种病害“红边”的波峰是随着病情的加重而下降，同时，在“红边”曲线图中分别出现两个波峰。三种病害的“绿峰”位置随着 DI 的增加而向长波方向移动，“绿峰”反射率在病害初期随着 DI 的增加而上升，在病害后期反射率下降。“红谷”位置随着 DI 的增加而向长波方向移动，“红谷”反射率随着 DI 的增加而增加。三种病害随着 DI 的增加，蓝边面积和红边面积减少，而黄边面积增加。

2. 冠层病害估测

在对早疫病冠层高光谱遥感估测中，采用了连续统去除变换提取了 P、H、W、K、S、A，结合 D_r、R_g、R_o、λ_r、λ_g、λ_o，作为早疫病冠层光谱特征参数。利用 PLS 对病害严重度进行估测，得出模型对病害严重度的解释能力为 0.739，观察值与预测值的拟合 R^2 为 0.7371。

对细菌性斑点病和白粉病冠层高光谱遥感估测中，得到细菌性斑点病冠层 DI 的敏感光谱为 758nm、773nm、779nm、784nm、2 493nm、FD_{379}、FD_{755}、FD_{868}、FD_{874}、FD_{877}、SD_{456}、SD_{521}、SD_{578}、SD_{617}、SD_{778}、$1/\log_{(2\ 487)}$、$1/\log_{(2\ 488)}$、$1/\log_{(2\ 493)}$、$1/\log_{(2\ 494)}$、$1/\log_{(2\ 497)}$。白粉病冠层 DI 的敏感光谱为 FD_{721}、FD_{1184}、SD_{583}、SD_{739}，分别利用 PLS 对病害严重度进行估测，细菌性斑点病二阶敏感光谱对 DI 的解释能力最强为 0.824，同时 RMSE 比较低为 0.127。白粉病最佳模型对 DI 的解释能力为 0.789，观察值与预测值的相关性为 0.880。

第 5 章　加工番茄病害卫星遥感影像光谱分析与识别

本章对 HJ-1A、B 卫星影像进行几何校正、辐射定标和大气校正的处理，获取地表反射率遥感图像，新建 PTD 植被指数，利用 GA-SVM 进行分类，寻找最佳的参数，实现对病害防治区的识别。

5.1　HJ 卫星 CCD 影像遥感数据获取与预处理

5.1.1　HJ 卫星 CCD 影像遥感数据获取

环境与灾害监测预报小卫星星座 A、B 卫星（HJ-1A、B）于 2008 年 9 月发射成功，HJ-1-A 卫星搭载了 CCD 相机和超光谱成像仪（HSI），HJ-1-B 卫星搭载了 CCD 相机和红外相机。在 HJ-1-A 卫星和 HJ-1-B 卫星上装载的两台 CCD 相机设计原理完全相同，以星下点对称放置，平分市场、并行观测，联合完成对地刈幅宽度为 700 km、地面像元分辨率为 30 m、4 个谱段的推扫成像。表 5.1 为 HJ-1-A、B 卫星主要载荷参数。

数据为 HJ-1A CCD 传感器在 2010-08-05、2010-08-16、2010-08-23 和 HJ-1B CCD 传感器在 2010-08-04、2010-08-12、2010-08-20，共六景遥感影像。分别于 2010-08-05、2010-08-12、2010-08-16、2010-08-20 实测 GPS 地面控制点，以及对应的加工番茄早疫病和细菌性斑点病的遥感病害测算结果。

表 5.1　HJ-1-A、B 卫星主要载荷参数

平台	有效载荷	波段号	光谱范围/nm	空间分辨率/m	幅宽/km	重访时间
HJ-1A 卫星	CCD	B1	430～520	30	360	4
		B2	520～600	30		
		B3	630～690	30		
		B4	760～900	30		

续表

平台	有效载荷	波段号	光谱范围/nm	空间分辨率/m	幅宽/km	重访时间
HJ-1B 卫星	CCD	B1	430～520	30	360	4
		B2	520～600	30		
		B3	630～690	30		
		B4	760～900	30		

5.1.2 HJ 卫星 CCD 影像预处理

1. 几何校正

研究区各期 CCD 影像进行几何校正。对遥感影像进行几何校正方法可以分为两类，一类是图像与图像之间的相对校正，又称图像匹配；另一类是由图像坐标转变为某种地图投影的绝对校正，即对图像进行地理参考。本研究采用的是 GPS 点的绝对校正，即通过一定的空间位置变换和灰度重采样方法，将影像数据赋予统一的地理坐标的过程。

利用 GPS 接收机，在研究区内地物比较明显的设置 GPS 点，比如道路的交叉口、桥头、河流的交叉口、标志性建筑等。通过 20 个均匀分布的 GPS 点，采用二次多项式纠正模型进行影像几何校正，重采样方法采取最邻近内插法，保证校正总精度 RMS 控制在 0.5 个像元以内，如表 5.2 所示。

表 5.2 HJ-1A、B 卫星遥感影像几何校正重采样参数表

	影像日期	总精度 RMS
HJ-1A 星	2010-08-05	0.438
	2010-08-16	0.445
	2010-08-23	0.387
HJ-1B 星	2010-08-04	0.456
	2010-08-12	0.487
	2010-08-20	0.497

2. 辐射定标

大气校正前，首先要将传感器输出的测量值(DN 值)变换为其对应的目标像

元的辐亮度，这是大气校正的前提。利用绝对定标系数将CCD图像DN值转换为辐亮度图像的公式为：

$$L=\frac{DN}{A}+L_0 \tag{5.1}$$

式中，A 为绝对定标系数增益，L_0 为绝对定标系数偏移量，转换后辐亮度单位为 $W/(m^2 \cdot sr \cdot \mu m)$。表5.3为CCD相机的增益和偏移的定标系数。

表5.3　HJ-1A、B星CCD相机增益的定标系数

卫星	参量	波段			
		Band1 (480nm)	**Band2 (565nm)**	**Band3 (660nm)**	**Band4 (830nm)**
HJ-1A-CCD1	$A(DN/(W/m^2(sr \cdot \mu m)])$	0.7696	0.7815	1.0914	1.0281
	L_0	7.3250	6.0737	3.6123	1.9028
HJ-1A-CCD2	$A(DN/(W/m^2 \cdot sr \cdot \mu m)])$	0.7435	0.7379	1.0899	1.0852
	L_0	4.6344	4.0982	3.7360	0.7385
HJ-1B-CCD1	$A(DN/(W/m^2 \cdot sr \cdot \mu m)])$	0.7060	0.6960	1.0082	1.0068
	L_0	3.0089	4.4487	3.2144	2.5609
HJ-1B-CCD2	$A(DN/(W/m^2 \cdot sr \cdot \mu m)])$	0.8042	0.7822	1.0556	0.9237
	L_0	2.2219	4.0683	5.2537	6.3497

3.大气校正

大气校正的目的是消除大气和光照等因素对地物反射的影响，获得地物反射率和辐射率、地表温度等真实物理模型参数，用来消除大气中水蒸气、氧气、二氧化碳、甲烷和臭氧对地物反射的影响，消除大气分子和气溶胶散射的影响。本研究采用FLAASH大气校正。FLAASH大气校正使用了辐射传输模型和MODTRAN4，基于像素级的校正，校正由于漫反射引起的连带效应，包含卷云和不透明云层的分类图，可调整由于人为抑制而导致的波谱平滑。

FLAASH的参数设置：①图像中心坐标，从相应的影像头文件中找到图像的中心坐标。②海拔高度，为研究区的平均海拔。③传感器类型，模块会选择相应类型的传感器波段响应函数，同时系统一般会自动设置传感器的高度和图像的空间分辨率。④数据获取日期和卫星过境时间，卫星过境时间为格林尼治时间，可以从相应的头文件中查找。⑤大气模型，模块提供热带、中纬度夏季、中纬度冬季、极地夏季、极地冬季和美国标准大气模型，可以根据数据获取时间选择相应的大气模型。⑥水气反演。⑦气溶胶模型,可选择气溶胶模型有无气溶胶、城市气溶胶、乡村气溶胶、海洋气溶胶和对流层气溶胶模型,当能见度大于 40 km 时,气溶胶类型的选择对反演影响不大。

在 ENVI 软件系统下,通过 HJ-1A、B 卫星辐亮度影像和波段响应函数进行 FLAASH 大气校正,得到地表反射率遥感图像。图 5.1 为 HJ-1A CCD 影像在 2010-08-16 日,处理后的遥感地表反射率遥感图像。

图 5.1　研究区地表反射率遥感图像

5.2　HJ 卫星 CCD 影像遥感数据光谱分析

加工番茄大田种植区,发病的病害主要是早疫病和细菌性斑点病,利用 HJ 星 CCD 影像对两种病害同时进行监测。首先,对加工番茄叶片和冠层病害光谱反射率和病害严重度进行分析,从图 5.2 可以得出,同种病害不同品种叶片病害的相关性强于冠层病害;在叶片和冠层,不同品种的早疫病和细菌性斑点病相关曲线差异不大,而白粉病与早疫病、细菌性斑点病的曲线图差异比较明显。叶片病害,在可见光波段,早疫病、细菌性斑点病会出现两个或三个峰值,而白粉病只出现一个峰值。冠层病害,白粉病的相关性低于早疫病和细菌性斑点病。

根据统计学的相关理论,对相关系数 r 进行 $\rho_{0.001}$ 和 $\rho_{0.01}$ 显著性检验:

①提出假设 $H_0: \rho=0; \rho\neq0$

②计算 T 检验统计值 $T=|r|\cdot\sqrt{n-2/1-r^2}\sim t(n-2)$　n 为样本数

③进行判断,如果 T 检验统计值大于 $t(n-2)$,拒绝原假设 $H_0: \rho=0$,认为光谱反射率与病害严重度之间存在显著相关关系。

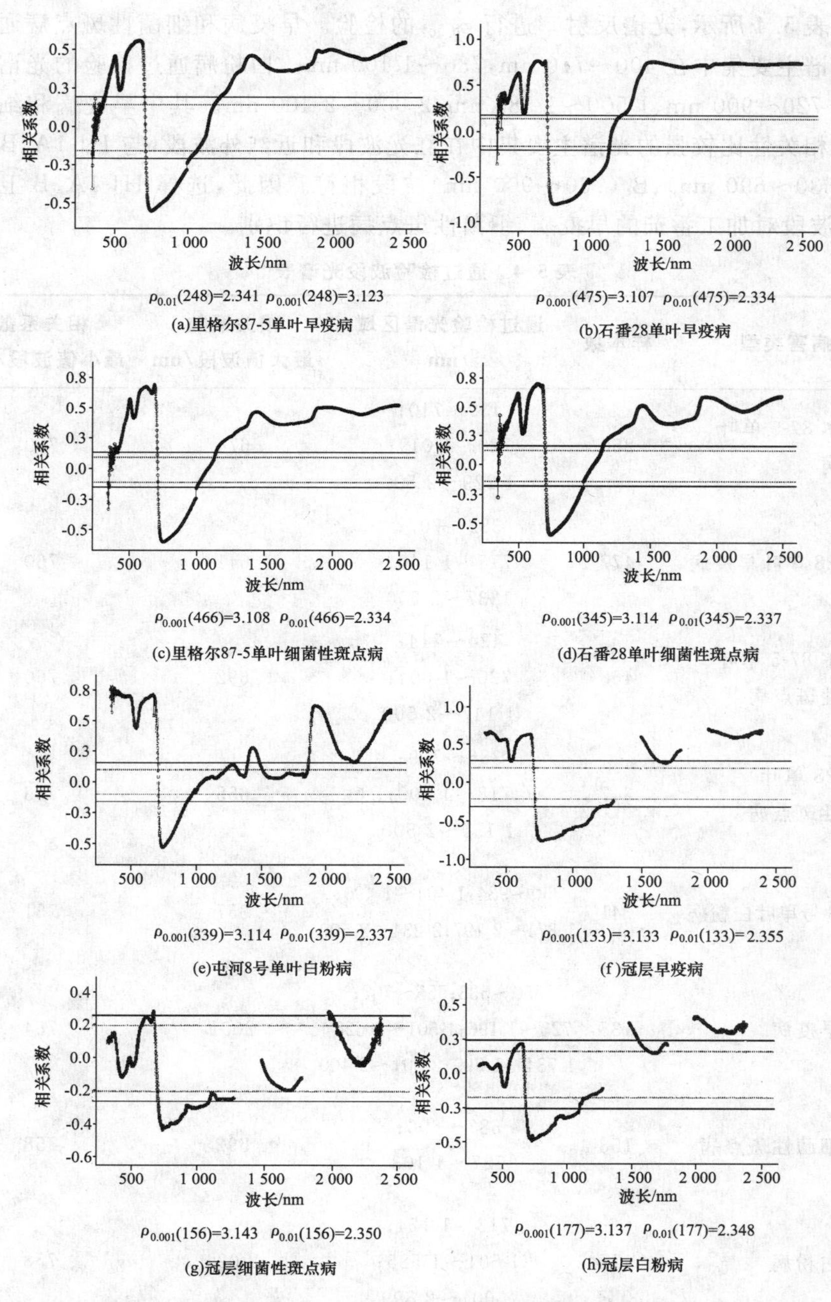

图 5.2　加工番茄叶片、冠层光谱反射率和病害严重度相关分析

如表 5.4 所示，光谱反射率进行 $\rho_{0.001}$ 的检验。早疫病和细菌性斑点病通过检验的光谱主要集中在 400～710 nm，730～1 100 nm。白粉病通过检验的光谱主要集中在 720～900 nm、1 500～1 580 nm、2 000～2 400 nm。其中早疫病和细菌性斑点病相关性比较强的光谱主要集中在红光波段和近红外波段，与 HJ-1A、B 卫星的 B_3(630～690 nm)、B_4(760～900 nm)波段相符。因此，选择 HJ-1A、B 卫星的 B_3、B_4 波段对加工番茄的早疫病、细菌性斑点病进行识别。

表 5.4 通过检验波段光谱表

病害类型	样本数	通过检验光谱区域/nm	相关系数最大值波段/nm	相关系数最小值波段/nm
里格尔 87-5 单叶早疫病	250	439～710；720～1 019；1 229～2 500	674	759
石番 28 单叶早疫病	477	382～707；713～1 140；1237～2 500	641	760
里格尔 87-5 单叶细菌性斑点病	468	424～714；720～1 004；1 147～2 500	692	760
石番 28 单叶细菌性斑点病	347	386～709；718～1 000；1 150～2 500	655	753
屯河 8 号单叶白粉病	341	350～934；1 404～1 490；1 871～2 197；2 234～2 500	357	751
冠层早疫病	135	350～533；555～707；723～1 196；1 501～1 625，1 734～1 799；2 001～2 400	2001	764
冠层细菌性斑点病	158	687～696；727～1 103	692	758
冠层白粉病	178	713～1 124；1 501～1 585；2 001～2 399	2 024	758

5.3　基于 H J 卫星 CCD 影像遥感数据的加工番茄病害识别

5.3.1　加工番茄病害防治区的确定

遥感传感器能够分辨出作物病害最小程度的病情值称为病情分辨率(黄木易等,2004)。对于加工番茄病害的遥感测量与其他地物的遥感分类不同,加工番茄的遥感测量属于作物灾情测量。对作物病害的遥感监测上,应该具有适时性,及时进行预测预报,从而实现早发现早治理,这样才有可能减少病害对产量的损失和农药的使用量。依据加工番茄实测 DI 和 CCD 地表反射率遥感图像,对 DI 5～20 每隔 5 做一次试验,在 DI 等于 20 时分类准确率最高。因此,把平均 DI 值小于 20 分为正常,大于等于 20 的分为防治区。

对 HJ-1A、B 卫星的六景地表反射率遥感图像进行分析,从遥感图像中获取相应 GPS 点的反射率值。在大田实测中,为了与像元大小相匹配,采用以 GPS 点为中心,15 m 为半径的网格法,获得 9 个点的 DI,对 9 个点 DI 求平均值,作为单个像元的总 DI。总 DI 小于 20 为正常,大于等于 20 为防治。如图 5.3 所示,对 111 个 GPS 样本点遥感影像光谱进行统计,得出正常区和防治区曲线,在可见光波段差异不大,在近红外波段反射率值升高,差异比较明显,防治的反射率值低于正常的反射率值。也就是说,在 CCD 影像的 B_1、B_2 的反射率相差不大,在 B_3 防治的反射率高于正常,在 B_4 两者差异比较大,正常反射率值高于防治。与早疫病和细菌性斑点病叶片及冠层光谱通过 $\rho_{0.01}$ 检验得出的结论相同,进一步证实了 CCD 影像的 B_3 和 B_4 波段是卫星影像监测早疫病和细菌性斑点病的入选波段。

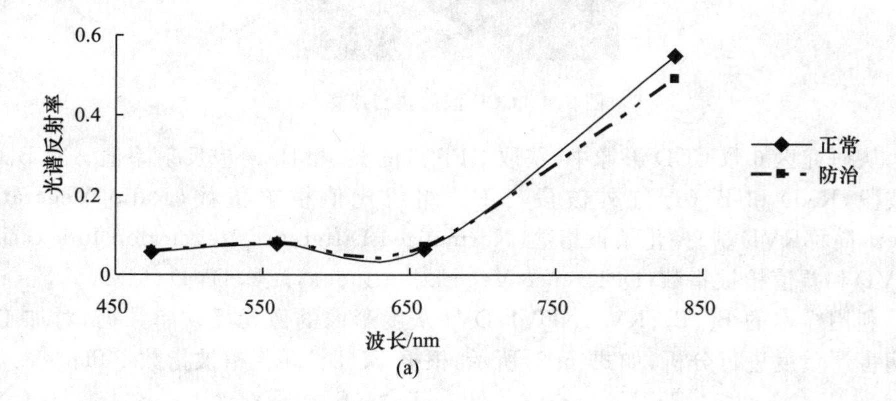

(a)

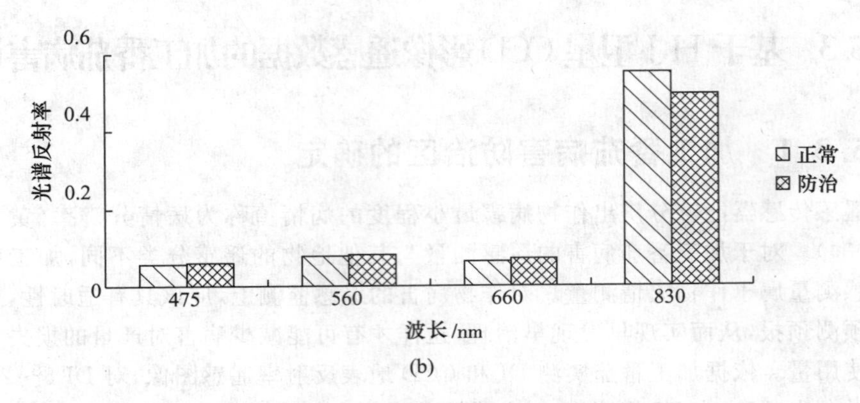

图 5.3 CCD 影像病害光谱特征分析

(a)光谱特征 (b)比较分析

5.3.2 加工番茄病害防治区 CCD 影像植被指数分析

对 HJ-1A 卫星 2010-08-16 的 CCD 影像进行 4、3、2 波段假彩色合成如图 5.4 所示，对加工番茄种植区进行信息提取。

图 5.4 CCD 假彩色合成影像

从研究区 6 景 CCD 影像中，获取 GPS 点的 B_3 和 B_4 对应反射率值。对 B_3（红色波段，Red）和 B_4（近红外波段，NIR）组成比值植被指数（Ratio Vegetation Index，简称RVI）、归一化植被指数（Normalized Difference Vegetation Index，简称 NDVI）和差值植被指数（Difference Vegetation Index，简称 DVI）。

利用样本的 B_3、B_4、RVI、NDVI、DVI 灰度影像的像元反射率数据，对加工番茄病害严重度进行分析，如式(5.2)所示，根据 B_3、B_4，新建植被指数 PTD。

$$PTD=2.3-2.7(B_4-B_3)/(B_4+B_3)+(B_4-B_3) \quad (5.2)$$

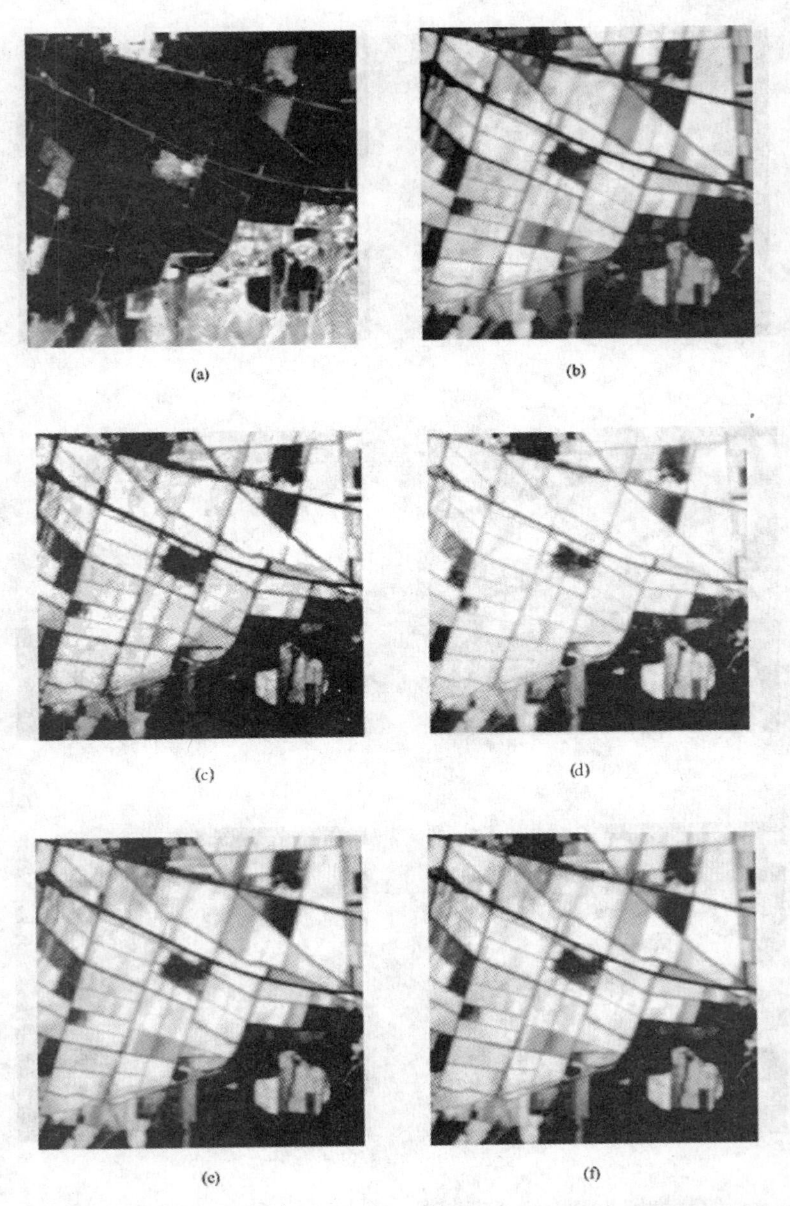

图 5.5　HJ-1A 卫星 2010-08-05CCD 影像加工番茄指数计算结果图

(a)B_3　(b)B_4　(c)RVI　(4)NDVI　(e)DVI　(f)PTD

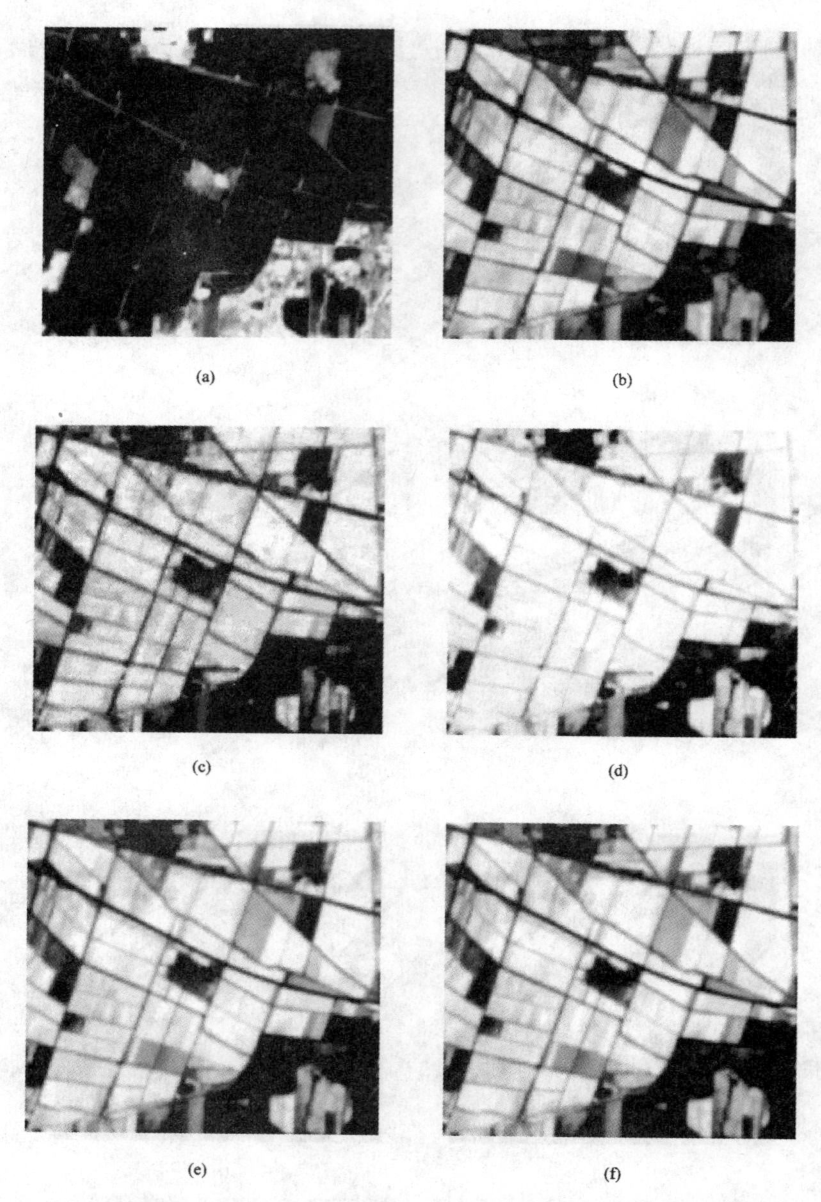

图 5.6 HJ-1A 卫星 2010-08-16 CCD 影像加工番茄指数计算结果图

(a)B_3 (b)B_4 (c)RVI (4)NDVI (e)DVI (f)PTD

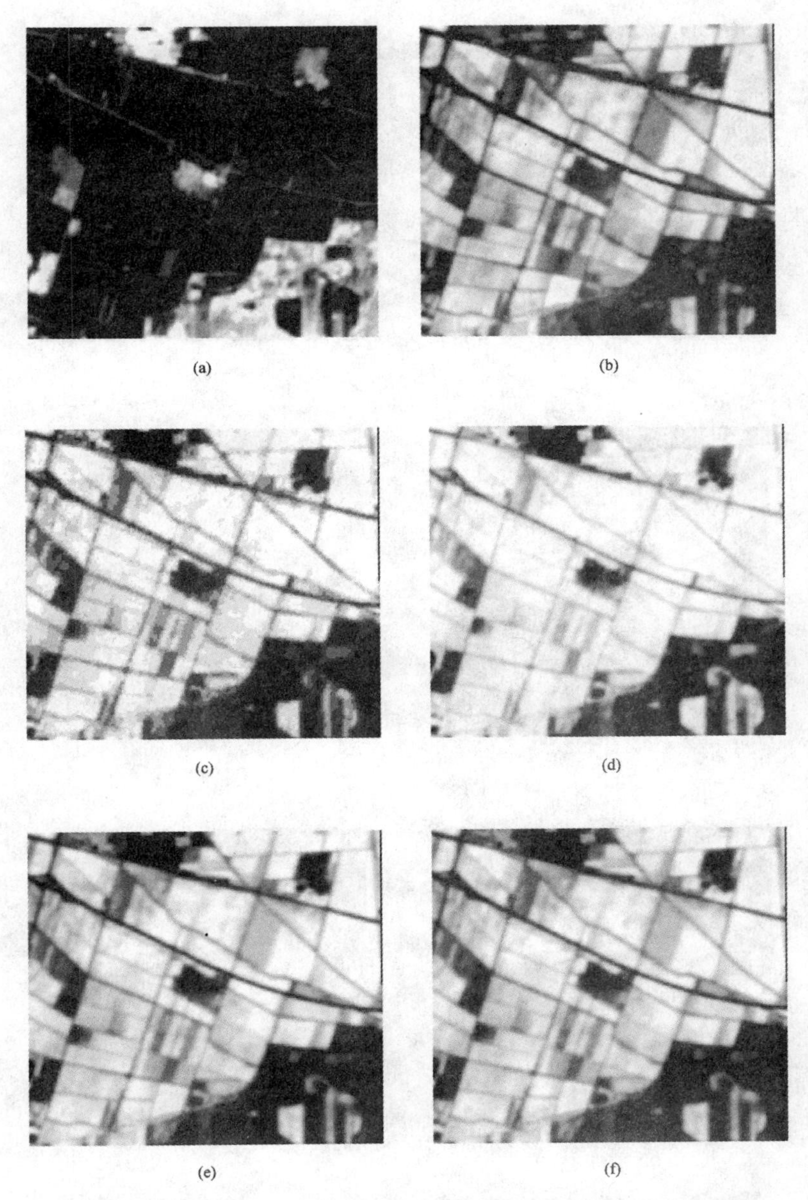

图 5.7　HJ-1A 卫星 2010-08-23 CCD 影像加工番茄指数计算结果图

(a)B_3　(b)B_4　(c)RVI　(4)NDVI　(e)DVI　(f)PTD

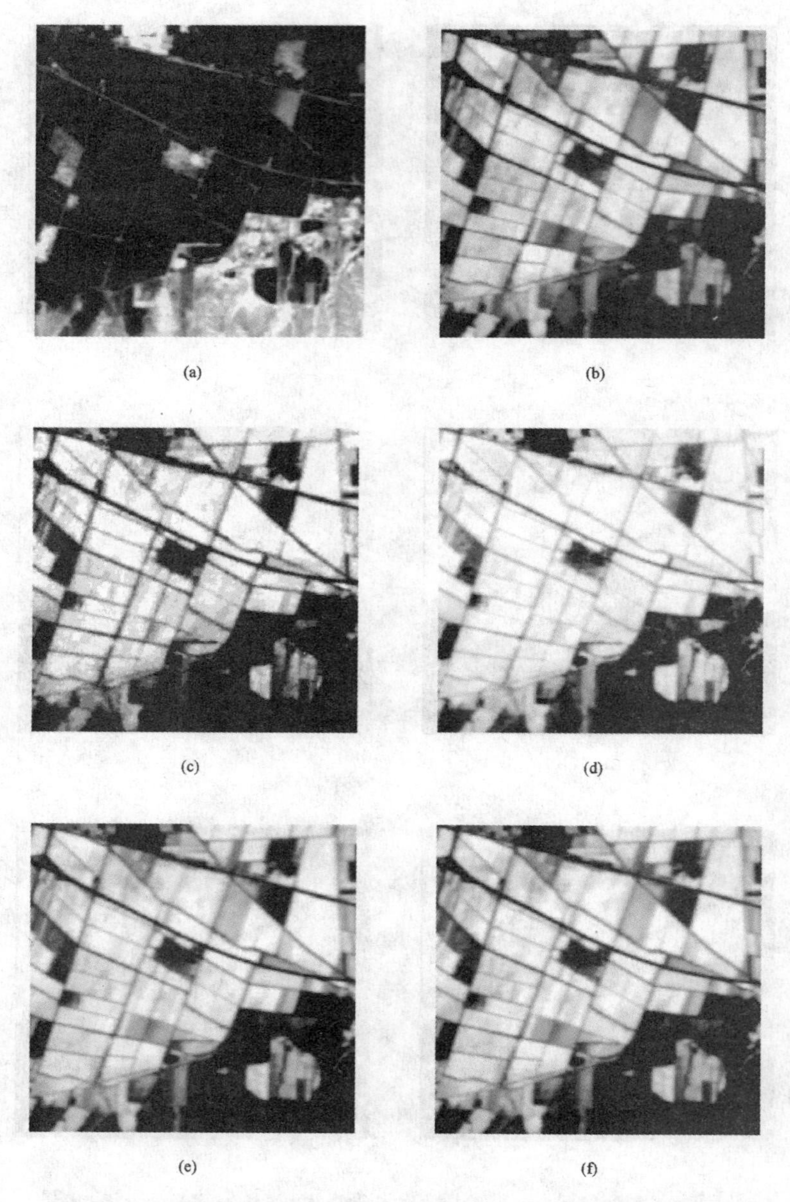

图 5.8 HJ-1B 卫星 2010-08-04 CCD 影像加工番茄指数计算结果图

(a)B_3 (b)B_4 (c)RVI (4)NDVI (e)DVI (f)PTD

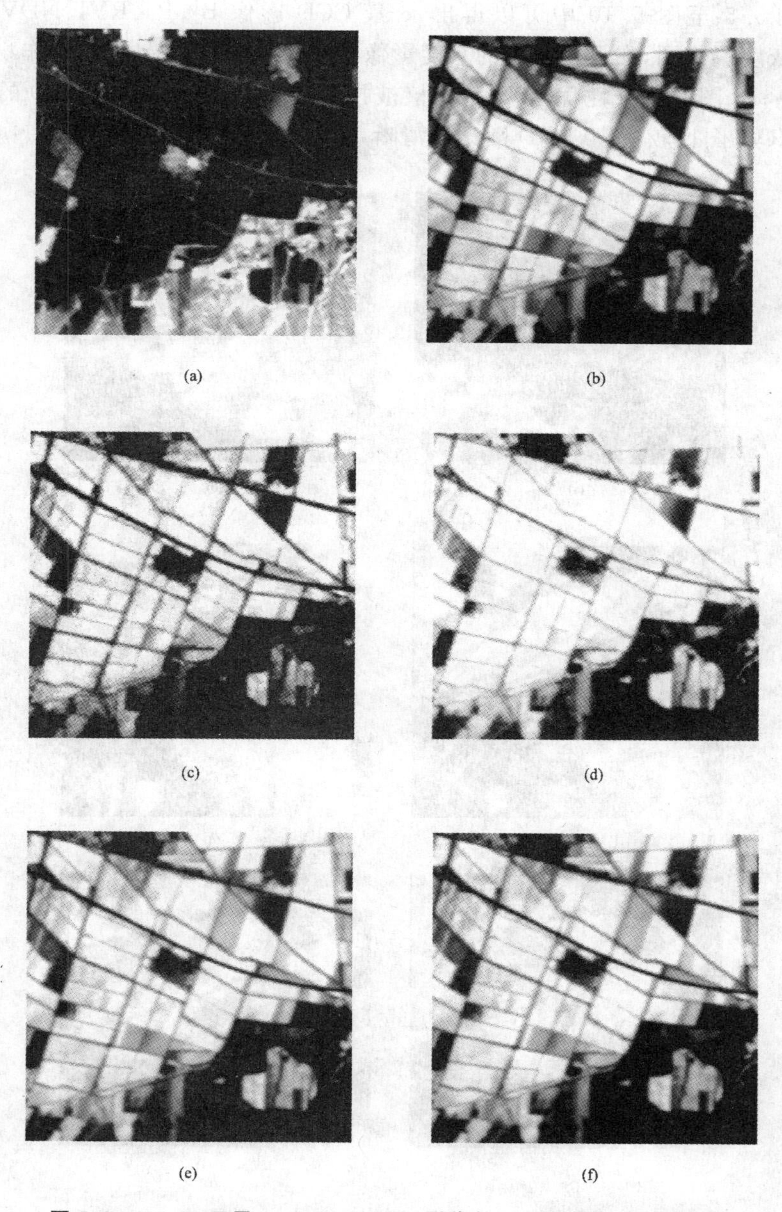

图 5.9　HJ-1B 卫星 2010-08-12CCD 影像加工番茄指数计算结果图

(a)B_3　(b)B_4　(c)RVI　(4)NDVI　(e)DVI　(f)PTD

从图 5.5 至图 5.10 中可以得出，6 景 CCD 影像 B_3、B_4、RVI、NDVI、DVI、PTD 的灰度影像图，在 B_3 和 B_4 的灰度影像图中，B_3 图的色调比较暗，作物种植区呈现黑色，B_4 图的区分性优于 B_3。在植被指数 RVI、NDVI、DVI、PTD 的灰度影像图中，RVI 图比较模糊，PTD 图比较清晰，区分性也最好。

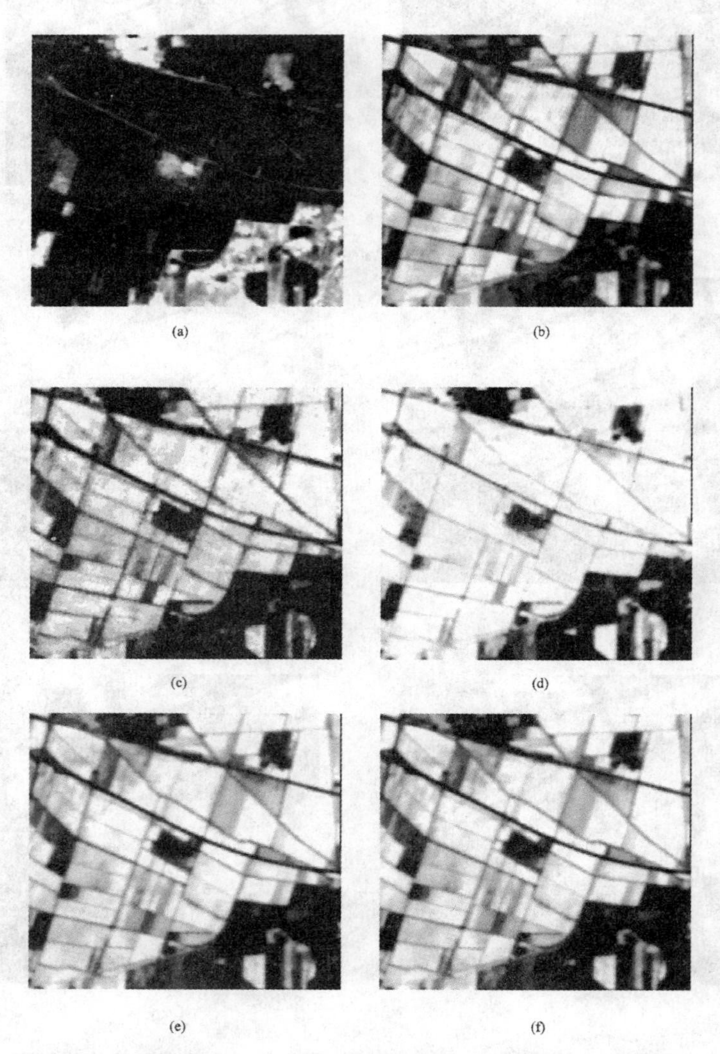

5.10　HJ-1B 卫星 2010-08-20CCD 影像加工番茄指数计算结果图

(a)B_3　(b)B_4　(c)RVI　(4)NDVI　(e)DVI　(f)PTD

如表 5.5 所示，分别对 6 景 CCD 影像 B_3、B_4、RVI、NDVI、DVI 和 PTD 的 DI，进行 R^2 和 F 值检验，其中 PTD 的 R^2 最大，说明 PTD 为病害防治的最佳植被指数。

表 5.5　植被指数分析

名称	R^2	F
Red	0.247	4.422
NIR	0.314	8.285
RVI	0.280	6.265
NDVI	0.290	6.824
DVI	0.313	8.269
PTD	0.525	11.285

5.3.3　基于 GA-SVM 的加工番茄病害防治区 CCD 影像识别

综合以上分析，首先利用 HJ-1-A 卫星的 3 景 CCD 影像，地面实测的 GPS 点 DI，B_3、B_4 波段反射率值以及植被指数，进行 GA-SVM 分类。寻找到最优参数 c 和 g，再利用 HJ-1-B 卫星 3 景 CCD 影像，对病害防治区进行识别。具体算法如图 5.11所示，对 6 景 CCD 影像进行预处理，选择 B_2、B_3、B_4 进行假彩色合成，对加工番茄种植区进行信息提取，由 HJ-1-A 卫星 2010-08-05、2010-08-16、2010-08-23 和 HJ-1-B 卫星的 2010-08-04、2010-08-12、2010-08-20 的 6 景 CCD 影像，进行 RVI、NDVI、DVI、PTD 运算，生成 RVI、NDVI、DVI、PTD 灰度影像。运用 HJ-1-A 卫星 2010-08-05、2010-08-16、2010-08-23 的 3 景 CCD 影像，56 个实测点 DI 与相应反射率值进行 GA-SVM 分类，选择最佳 c 和 g 值，再通过 HJ-1-B 卫星 2010-08-04、2010-08-12、2010-08-20 的 CCD 影像，利用 GA-SVM 模型，对病害防治区进行识别。

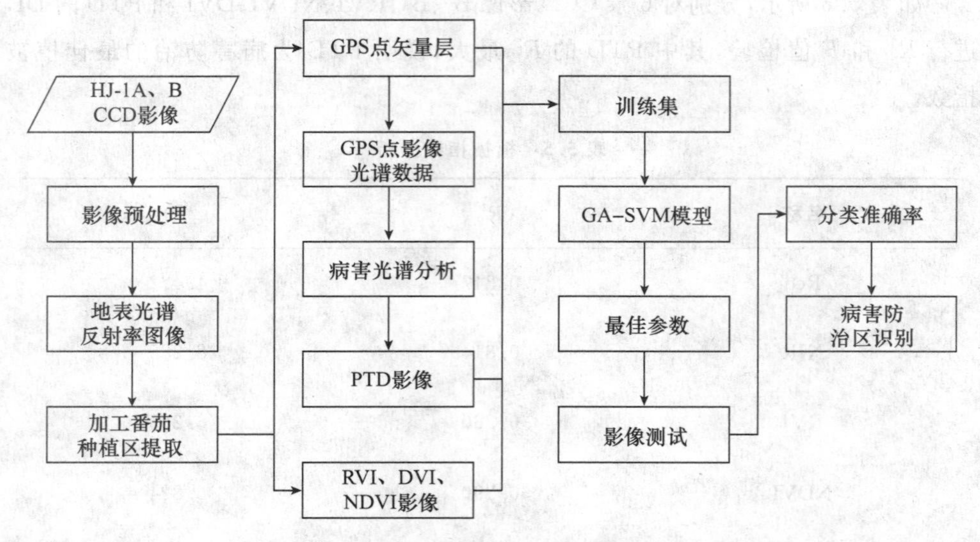

图 5.11　基于 GA-SVM 的加工番茄 CCD 影像识别算法

5.4　基于 GA-SVM 的加工番茄病害防治区 CCD 影像识别结果

对 6 景影像进行假彩色合成，提取加工番茄种植区，再裁剪。提取 HJ-1-A 卫星 2010-08-05、2010-08-16、2010-08-23 的 3 景 CCD 影像，56 个样本点的 B_3、B_4、RVI、NDVI、DVI 和 PTD 指数，进行 GA-SVM 分类，其中 35 个样本点作为训练样本，21 个样本点作为测试样本。如表 5.6 所示，采用 GA-SVM 的方法，CV 验证的准确率都是 70％以上，最高的为 PTD，最低的为 Red。预测准确率最高的为 PTD，最低的为 RVI 和 NDVI。

表 5.6　GA-SVM 的参数表

名称	c	g	CV-accuracy/％	预测准确数	预测准确率/％
Red	0.0998	6.6486	73.33	12/21	57.143
NIR	45.9025	4.8671	77.67	14/21	66.67
RVI	0.0125	49.7768	73.43	12/21	57.142
NDVI	0.0099	4.9369	73.53	12/21	57.142
DVI	36.9375	32.4066	76.67	14/20	70
PTD	70.6928	30.6303	76.67	16/20	80

在图 5.12 至图 5.7 的适应度曲线和分类图中，分类图中 0 表示正常，1 表示防治。可以得出 Red、NIR、RVI、NDVI、DVI 和 PTD 的适应度曲线差别不大；而在分类图中，Red、RVI、NDVI 没有分出 1 类，对 0 类的分类准确率达到了 91.67%，只有 1 个样本被错分了。NIR 对 1 类的分类准确率达到了 88.89%，只有 1 个样本被错分了，但对 0 类的分类准确率比较低，只有 50%。PTD 的 0 类分类准确率为 91.68%，1 类的分类准确率为 54.45%。总的分类准确率 80%。因此，选择 PTD 的 c 和 g 参数值，代入 GA-SVM 模型，利用 HJ-1-B 卫星的 3 景 CCD 影像对病害防治区进行识别。

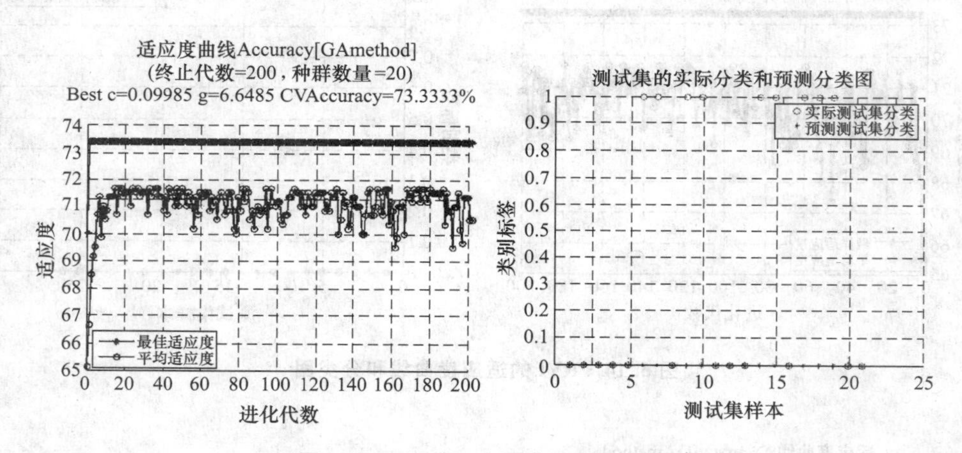

图 5.12　B_3 的适应度曲线和分类图

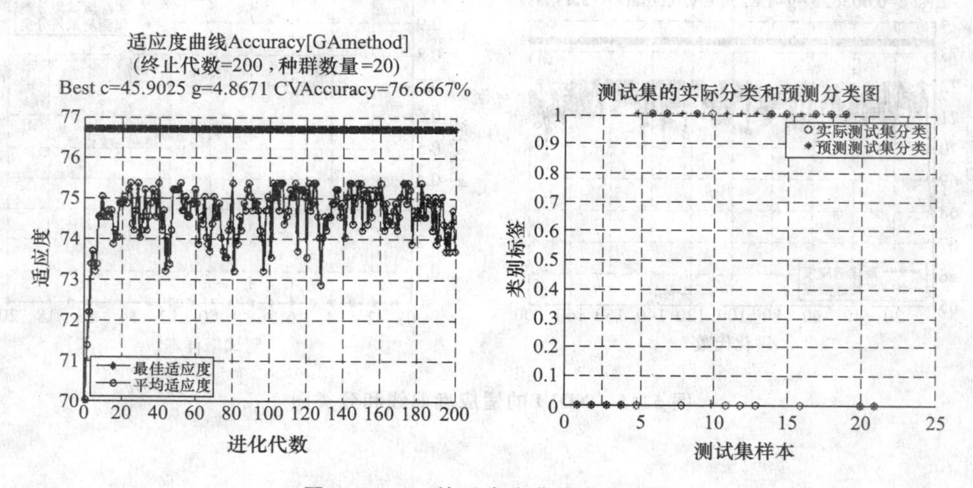

图 5.13　B_4 的适应度曲线和分类图

对 HJ-1B 卫星的 2010-08-04、2010-08-12、2010-08-20 的 3 景 CCD 的影像，按式(5.2)进行新建 PTD 指数运算，得到影像的灰度图，利用 GA-SVM 模型进行分类。核函数选择 RBF(径向基核函数)，式(5.3)为：

$$K(x,x_i)=\exp(-\gamma||x-x_i||^2) \quad \gamma>0 \tag{5.3}$$

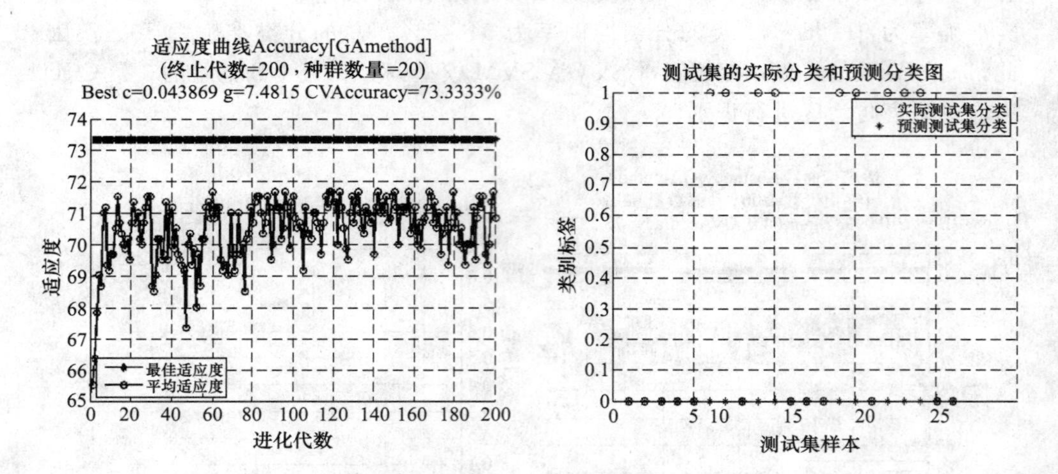

图 5.14 RVI 的适应度曲线和分类图

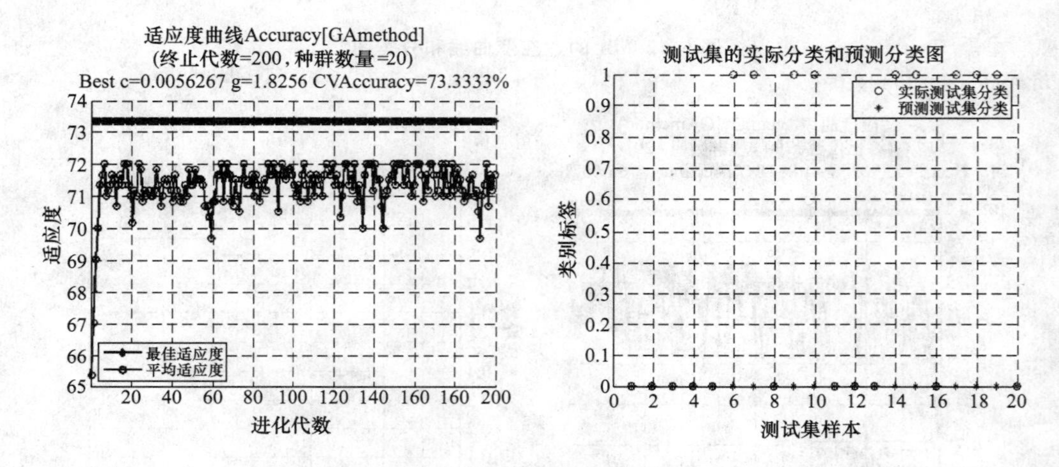

图 5.15 NDVI 的适应度曲线和分类图

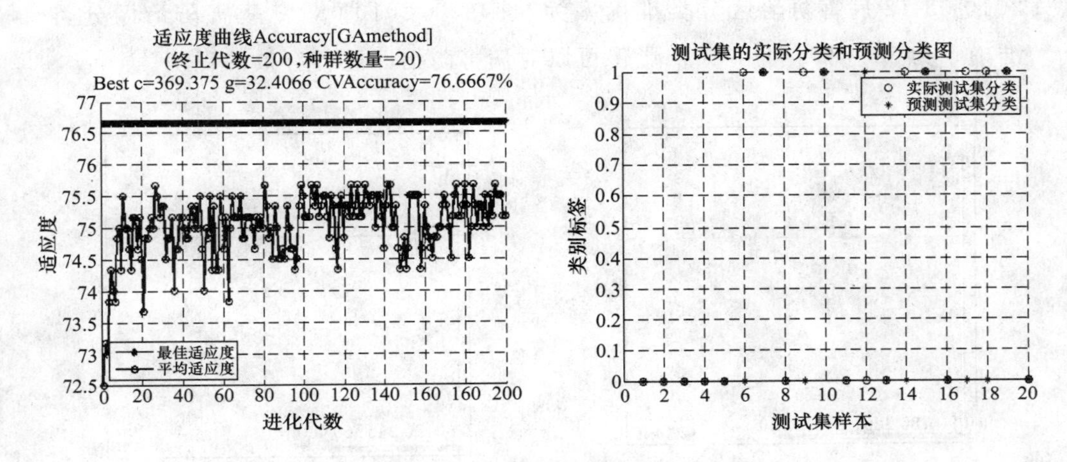

图 5.16　DVI 的适应度曲线和分类图

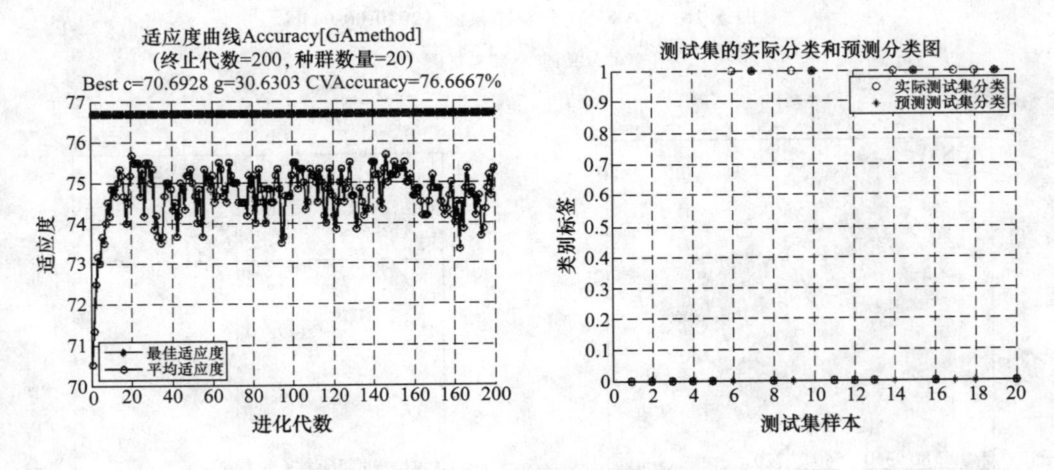

图 5.17　PTD 的适应度曲线和分类图

模型中的 Gamma in kernel Function 代入 PTD 的 CV 验证最优 c 值为 70.6928，g 值 30.6303。分类结果如图 5.18 至图 5.20 所示，(a)图中，浅灰色为正常的加工番茄种植地区，深灰色为需要防治的加工番茄种植地区，在地块 1 的北部和东部有病害，在地块 2 的西部和南部有病害，可以看出随着加工番茄生育期的增长病害有扩展的趋势。(b)图为实测的 GPS 点的 DI 矢量图。通过(a)与(b)的比较，得出 2010-08-04 病害防治区分类准确率为 71.43%，

2010-08-12 病害防治区分类准确率为71.43%，2010-08-20 病害防治区分类准确率为 87.5%，利用 CCD 影像可以对病害防治区进行有效的识别。

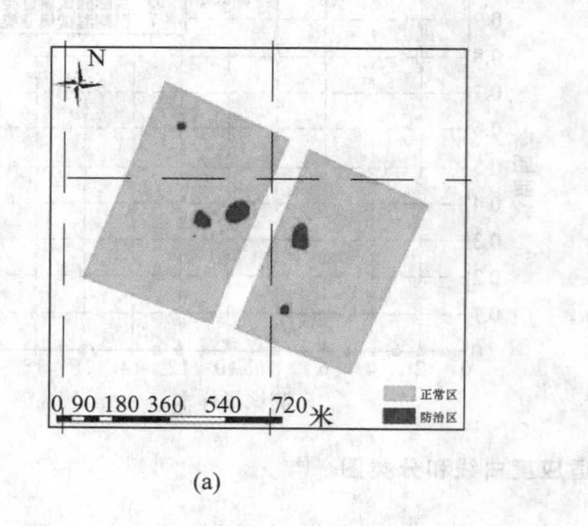

(a)

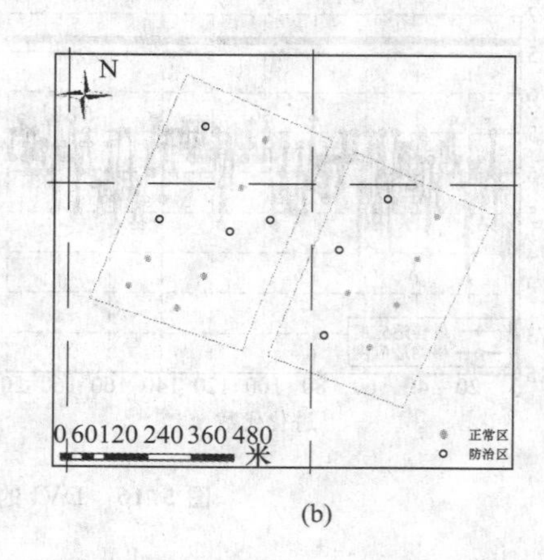

(b)

图 5.18　GA-SVM 分类结果图（2010-08-04）

(a)分类图　(b)矢量图

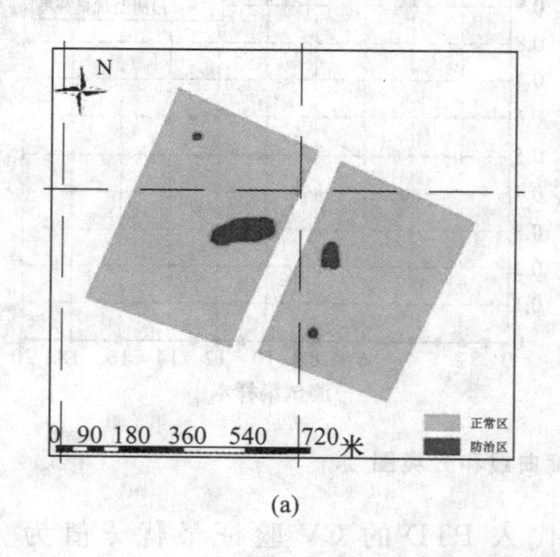

(a)

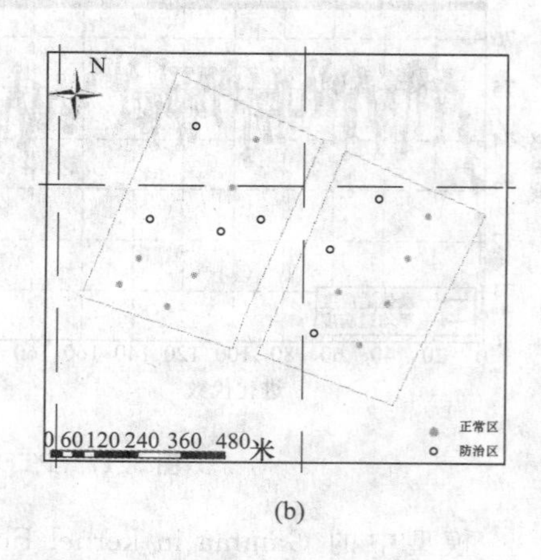

(b)

图 5.19　GA-SVM 分类结果图（2010-08-12）

(a)分类图　(b)矢量图

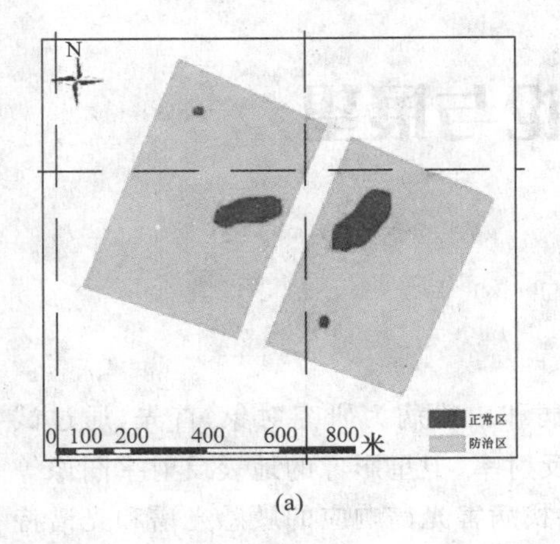

(a)

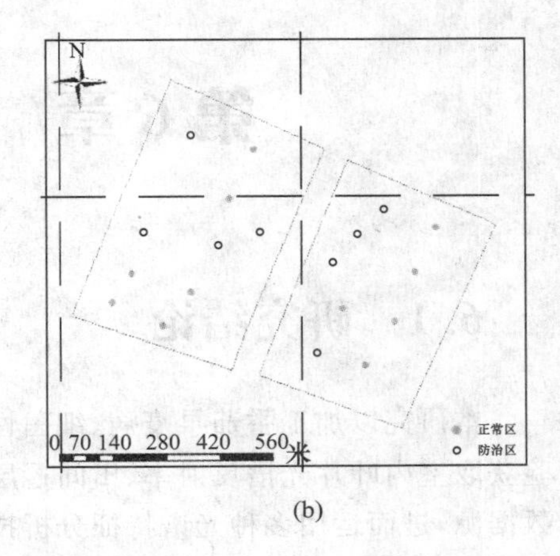

(b)

图 5.20　GA-SVM 分类结果图(2010-08-20)

(a)分类图　(b)矢量图

5.5　本章小结

本章探讨了从卫星影像光谱识别病害防治区的方法，验证了在精确几何校正和图像光谱重建的前提下，能够从图像光谱直接找到病害防治的最佳植被指数，并在大尺度的卫星影像上对病害进行监测，以达到防治的目的。

对叶片和冠层的光谱与病害严重度进行相关分析，以通过 $\rho_{0.001}$ 检验，得出早疫病和细菌性斑点病通过检验的光谱主要集中在 400～710 nm、730～1 100 nm，白粉病通过检验的光谱主要集中在 720～900 nm、1 500～1 580 nm、2 000～2 400 nm。利用 HJ-1A、B 对早疫病和细菌性斑点病进行监测，选取 B_3、B_4 波段。以 DI＝20％为界限，对病害进行防治，通过 CCD 影像中的病害光谱特征证明了监测早疫病和细菌性斑点的可行性。

对 56 个 GPS 点，计算 DI 值，从 CCD 影像获取地表反射率图像，新建植被指数 PTD。同时利用 GA-SVM 对 30 个样本点进行训练，21 个样本点进行测试，寻找最优参数 c 和 g 值，得出 PTD 的预测准确率最高为 80％，利用 CCD 影像能够准确地对防治区域进行识别。该方法对于大面积病害监测非常有意义。

第6章 结论与展望

6.1 研究结论

本研究以加工番茄早疫病、细菌性斑点病和白粉病为研究对象，首先，通过试验获取室内叶片光谱反射率、田间冠层光谱反射率、卫星影像的地表反射率图像等数据源，进而运用多种光谱特征分析技术，寻找病害光谱响应的敏感光谱和光谱特征变量，揭示加工番茄不同病害发病严重度与光谱特征的关系及规律，最后，运用卫星 HJ-1A、B 星影像，提取加工番茄病害防治区相关数据，实现加工番茄病害遥感监测。

1. 加工番茄病害光谱特征及规律

对加工番茄病害叶片和冠层的光谱变化特征研究表明：

不同等级病害光谱响应差异显著。在可见光波段，随着病害的加重，对红光、蓝光的吸收增强，对绿光的反射增强；在近红外 760～930 nm，则表现为随着病害的加重，光谱反射率降低；在短波红外 1 400～2 500 nm，光谱反射率随着病害加重而上升。加工番茄叶片光谱"红边"参数发生蓝移 13～20 nm，冠层光谱具有"双峰"现象。在"绿峰"和"红谷"光谱特征参数中，随着病情的加重，"绿峰"和"红谷"向长波方向偏移 3～5 nm，与此同时，"绿峰"反射率增强，"红谷"反射率也增强。在光谱面积参数中，三种病害的蓝边面积、黄边面积、红边面积在叶片变化差异显著，蓝边和红边面积图呈线性分布，黄边面积呈分散状态。

不同病害类型光谱响应差异显著。早疫病、细菌性斑点病和白粉病，在叶片和冠层，白粉病"三边"参数变化值大于早疫病和细菌性斑点病；在光谱面积参数中，早疫病和细菌性斑点病的蓝边和黄边面积增加，红边面积减少，白粉病的蓝边、黄边、红边面积都减少。随着病情的加重，早疫病冠层的"双峰"现象减弱。

2. 三种加工番茄病害敏感光谱

依据加工番茄病害类型、病害严重度与光谱响应差异，得到加工番茄病害的敏感光谱。

加工番茄叶片病害敏感光谱：早疫病的敏感光谱区域为 488～514 nm、576～

638 nm、639～700 nm，细菌性斑点病的敏感光谱区域为 499～518 nm、572～702 nm、736～811 nm，白粉病的敏感光谱区域为 371～433 nm、651～685 nm、1908～1933 nm。

加工番茄冠层病害敏感波段：细菌性斑点病的敏感波段为 758 nm、773 nm、779 nm、784 nm、2 493 nm、FD_{379}、FD_{755}、FD_{868}、FD_{874}、FD_{877}、SD_{456}、SD_{521}、SD_{578}、SD_{617}、SD_{778}、$1/\log_{(2\,487)}$、$1/\log_{(2\,488)}$、$1/\log_{(2\,493)}$、$1/\log_{(2\,494)}$、$1/\log_{(2\,497)}$。白粉病的敏感波段为 FD_{721}、$FD_{1\,184}$、SD_{583}、SD_{739}。

3. 不同水平加工番茄三种病害的识别与估测

利用加工番茄病害光谱特征及规律，以及确定出的加工番茄病害敏感光谱，通过 GA、SVM、PLS 和 Gram-Schmidt 方法，对叶片、冠层和卫星影像不同病害进行识别与估测。

创建了加工番茄单叶早疫病色素含量光谱特征参数 $NDVI_{[FD_{686},FD_{664}]}$、$DVI_{[FD_{686},FD_{664}]}$、$NDVI_{[601,769]}$、$DVI_{[601,769]}$、$FD_{664}$ 和 R_{769}，其中 $DVI_{[FD_{686},FD_{664}]}$ 对 Chl. a、Chl. a＋b 的估测精度较高。构建了单叶细菌性斑点病归一化色素指数 $NDVI_{[766,699]}$、$NDVI_{[766,702]}$、$NDVI_{[FD_{746},FD_{497}]}$、$NDVI_{[FD_{738},FD_{497}]}$、$NDVI_{[SD_{698},SD_{684}]}$、$NDVI_{[SD_{699},SD_{685}]}$，得出新建的归一化色素指数的 PLS 模型对色素 Chl. a、Chl. b、Cars 含量的估测精度高于传统的归一化指数。构建了单叶白粉病色素含量光谱特征参数 TPMPa、TPMPb、TPMPc、TPMPd，新建光谱特征参数的 PLS 模型对 Chl. a、Cars、Chl. a＋b 含量估测的精度较高。

利用 GA-SVM 模型对叶片的病害等级进行识别，首先通过相关分析选择强相关的波段，对波段进行主成分分析，作为 GA-SVM 模型的输入向量，通过训练集进行训练，利用预测集对模型进行检验，分别于 SVM 进行比较，得出 GA-SVM 模型的预测准确率高于 SVM。建立早疫病色素含量对数指数模型，采用 PLS 对细菌性斑点病和白粉病色素含量进行估测，与传统的色素含量相比，新建的光谱特征变量的估测精度较高。

利用 Gram-Schmidt 和 PLS 对冠层早疫病 DI 进行估测，首先对 380～760 nm 原始光谱反射率进行连续统去除变换，提取 P、H、W、K、S、A，同时，提取“红谷”“绿峰”“红边”参数；再利用 Gram-Schmidt 优选参数，对 DI 通过 PLS 估测，得出观察值与预测值的拟合 R^2 为 0.7371。利用 PLS 对细菌性斑点病和白粉病进行估测，分别对原始光谱反射率进行一阶、二阶和反对数变换，选择与 DI 相关性高的波段作为 PLS 的自变量，构建多波段诊断模型。对细菌性斑点病 DI 估测中，二阶敏感光谱与 DI 的 PLS 模型为最佳估测模型，观察值与预测值的 R^2 为 0.7276；对白粉病 DI 估测中，一阶、二阶微分光谱组合模型的观察值与预测值 R^2 为 0.789。

利用 HJ 星影像对加工番茄病害区进行监测，在大田内设置 GPS 点，以每个点为中心 15 m 为半径的正方形内，采用网格法，计算相应 9 个点的 DI，求平均值，DI 大于等于 20%为防治。对不同景影像不同采样点进行分析，得出新建 PTD 植被指数具有最优的识别效率，同时利用 GA-SVM 模型寻找最优的参数 c 和 g，最后应用于 CCD 影像，实现对加工番茄早疫病和细菌性斑点病的监测。

6.2 创新点

本文在加工番茄主要病害遥感监测方法研究中，主要的创新性研究工作和取得的新进展包括以下几个方面：

1. 系统地研究了加工番茄病害识别与估测

对加工番茄早疫病、细菌性斑点病和白粉病从叶片、冠层和田间 3 个水平进行研究，研究了叶片病害等级的识别和色素含量的估测，冠层 DI 的估测，卫星影像防治区的识别。本研究对于农作物病害识别或估测起到了一定的推进作用。

2. 将人工智能技术 SVM 和 GA 应用于加工番茄病害的识别

将 SVM 和 GA 算法引入叶片病害等级识别和卫星影像病害防治区识别。通过将上述研究方法综合加以应用，研究结果表明，在显示识别能力方面，较单一应用任一方法效果更好，多种方法的结合，改善了遥感技术在农作物病害监测上的应用效果。

3. 将 Gram-Schmidt 正交变换和 PLS 应用于加工番茄病害的估测

将 Gram-Schmidt、PLS 引入叶片色素含量估测和冠层 DI 的估测，通过 Gram-Schmidt 对光谱特征参数进行优选，提高了 PLS 多波段诊断模型的普适性和应用性。PLS 主要是采用了成分提取算法，在构建多波段估测模型的同时，能够更加清晰地获悉自变量光谱特征参数内部对因变量病害严重度的解释能力和贡献率，增强了多波段估测模型实用价值。Gram-Schmidt 和 PLS 结合与传统的线性非线性回归估测相比，提高了估测精度。

6.3 研究展望

本论文从叶片、冠层和田间三个水平，对加工番茄病害监测和预警识别方法以及估测方法方面进行了较为深入的研究，取得了一些研究成果，但以下问题还有待于进一步的研究和探讨：

（1）在加工番茄病害识别和估测中，光谱特征变量主要是原始光谱以及原始光谱的一阶、二阶和反对数变换、植被指数中选取，可以利用“三边”、“绿峰”、“红谷”、三边面积等参数对病害严重度进行进一步的识别和估测。

（2）本研究进行了加工番茄病害色素含量的估测，对氮素、水分、叶面积指数、生物量等生理生化参数可以作为进一步的研究。

（3）本研究主要是建立于加工番茄病害光谱响应特征分析基础上，在不同水平上系统分析病害特征并且对病害严重度进行识别与估测。进一步的工作是从加工番茄生长模型的角度，利用遥感建立加工番茄病害的同化模型。

（4）本研究建立在地块基础上，农作物相对比较单一，进一步的研究应该在大面积多种农作物种植区上开展，对不同农作物进行识别，之后再对单一作物的病害进行遥感监测和预警。

参考文献

[1]Apan A. ,Datt B. ,Kelly R. Detection of pests and diseases in vegetable crops using hyperspectral sensing: a comparison of reflectance data for different sets of symptoms. Spatial Sciences Institute,2005,9:10-18.

[2] Apan A. , Held A. ,Phinn S. , et al. Detecting sugarcane 'range rust' disease using EO-1 Hyperion hyperspectral imagery. International journal of remote sensing, 2004,2 (25):489-498.

[3]Barnes J. ,Balaguer L. ,Manrique E. ,et al. A reappraisal of the use of DMSO for the extraction and determination of chlorophylls a and b in lichens and higher plants. Environmental and Experimental Botany,1992,2 (32):85-100.

[4]Blackburn G. A. Quantifying chlorophylls and caroteniods at leaf and canopy scales: An evaluation of some hyperspectral approaches. Remote sensing of environment,1998,3(66):273-285.

[5]Boegh E. ,Soegaard H. ,Broge N. ,et al. Airborne multispectral data for quantifying leaf area index,nitrogen concentration,and photosynthetic efficiency in agriculture. Remote sensing of environment,2002,2 (81):179-193.

[6]Broge N. H. ,Mortensen J. V. Deriving green crop area index and canopy chlorophyll density of winter wheat from spectral reflectance data. Remote sensing of environment,2002,1 (81):45-57.

[7]Bruzzone L. ,Prieto D. F. A technique for the selection of kernel-function parameters in RBF neural networks for classification of remote-sensing images. Geoscience and Remote Sensing,IEEE Transactions on,1999,2 (37):1179-1184.

[8]Chen X. ,Ma J. ,Qiao H. ,et al. Detecting infestation of take all disease in wheat using Landsat Thematic Mapper imagery. International journal of remote sensing,2007,22 (28):5183-5189.

[9]Colombo R. ,Meroni M. ,Marchesi A. ,et al. Estimation of leaf and canopy water content in poplar plantations by means of hyperspectral indices and inverse modeling. Remote sensing of environment,2008,4 (112):1820-1834.

[10]Curran P. J. ,Dungan J. L. ,Macler B. A. ,et al. Reflectance spectroscopy of fresh whole leaves for the estimation of chemical concentration. Remote sensing of environment,1992,2 (39):153-166.

[11]Chang C. C. ,Lin C. J. LIBSVM ;a library for support vector machines, 2001,Software available at http://www. csie. ntu. edu. tw/~cjlin/libsvm.

[12]Daughtry C. ,Gallo K. ,Goward S. ,et al. Spectral estimates of absorbed radiation and phytomass production in corn and soybean canopies. Remote sensing of environment,1992,2 (39):141-152.

[13]Dawson T. ,Curran P. ,North P. ,et al. The Propagation of Foliar Biochemical Absorption Features in Forest Canopy Reflectance: A Theoretical Analysis. Remote sensing of environment,1999,2 (67):147-159.

[14]Delalieux S. ,Van Aardt J. ,Keulemans W. ,et al. Detection of biotic stress (Venturia inaequalis) in apple trees using hyperspectral data: Non-parametric statistical approaches and physiological implications. European Journal of Agronomy,2007,1 (27):130-143.

[15]Dungan J. ,Johnson L. ,Billow C. ,et al. High spectral resolution reflectance of douglas fir grown under different fertilization treatments: Experiment design and treatment effects. Remote sensing of environment,1996,3 (55):217-228.

[16]Fang H. ,Liang S. A hybrid inversion method for mapping leaf area index from MODIS data:experiments and application to broadleaf and needleleaf canopies. Remote sensing of environment,2005,3 (94):405-424.

[17]Foody G. M. ,Lucas R. ,Curran P. ,et al. Non-linear mixture modelling without end-members using an artificial neural network. International journal of remote sensing,1997,4 (18):937-953.

[18]Faruto ,Liyang . LIBSVM-faruto UltimateVersion a toolbox with implements for support vector machines based on libsvm,2009,Software available at www. ilovematlab. cn.

[19]Gao B. C. NDWI—a normalized difference water index for remote sensing of vegetation liquid water from space. Remote sensing of environment,1996, 3(58):257-266.

[20]Gitelson A. , Merzlyak M. N. Spectral reflectance changes associated

with autumn senescence of *Aesculus hippocastanum* L. and *Acer platanoides* L. leaves. Spectral features and relation to chlorophyll estimation. Journal of Plant Physiology, 1994(143): 286-286.

[21]Gitelson A. A., Kaufman Y. J., Merzlyak M. N. Use of a green channel in remote sensing of global vegetation from EOS-MODIS. Remote sensing of environment, 1996, 3 (58): 289-298.

[22]Gitelson A. A., Merzlyak M. N. Remote estimation of chlorophyll content in higher plant leaves. International journal of remote sensing, 1997, 12 (18): 2691-2697.

[23]Goel P., Prasher S., Patel R., et al. Classification of hyperspectral data by decision trees and artificial neural networks to identify weed stress and nitrogen status of corn. Computers and Electronics in Agriculture, 2003, 2 (39): 67-93.

[24]Graeff S., Link J., Claupein W. Identification of powdery mildew (Erysiphe graminis sp. tritici) and take-all disease (*Gaeumannomyces graminis* sp. tritici) in wheat (*Triticum aestivum* L.) by means of leaf reflectance measurements. Central European Journal of Biology, 2006, 2 (1): 275-288.

[25]Haboudane D., Miller J. R., Tremblay N., et al. Integrated narrow-band vegetation indices for prediction of crop chlorophyll content for application to precision agriculture. Remote Sensing of Environment, 2002, 2 (81): 416-426.

[26]Han M., Cheng L., Meng H. Application of four-layer neural network on information extraction. Neural networks, 2003, 5-6 (16): 547-553.

[27]Hansen P., Jorgensen J. R., Thomsen A. Predicting grain yield and protein content in winter wheat and spring barley using repeated canopy reflectance measurements and partial least squares regression. The Journal of Agricultural Science, 2002, 3 (139): 307-318.

[28]Hepnerh G., Logan T., Ritter N., et al. Artificial neural network classification using a minimal training set- Comparison to conventional supervised classification. Photogrammetric Engineering and Remote Sensing, 1990(56): 469-473.

[29]Huang J. F., Pan A. Detection of sclerotinia rot disease on celery using hyperspectral data and partial least squares regression. Journal of spatial science, 2006, 2 (51): 129-142.

[30]Huang W., Lamb D. W., Niu Z., et al. Identification of yellow rust in

wheat using in-situ spectral reflectance measurements and airborne hyperspectral imaging. Precision Agriculture, 2007, 4 (8): 187-197.

[31]Johnson L. F. Nitrogen influence on fresh-leaf NIR spectra. Remote sensing of environment, 2001, 3 (78): 314-320.

[32]Jones C., Jones J., Lee W. Diagnosis of bacterial spot of tomato using spectral signatures. Computers and Electronics in Agriculture, 2010, 2 (74): 329-335.

[33]Kalacska M., Sanchez-Azofeifa G. A., Rivard B., et al. Ortiz-Ortiz D. Leaf area index measurements in a tropical moist forest: A case study from Costa Rica. Remote sensing of environment, 2004, 2 (91): 134-152.

[34]Karimi Y., Prasher S., Patel R., et al. Application of support vector machine technology for weed and nitrogen stress detection in corn. Computers and Electronics in Agriculture, 2006, 1-2 (51): 99-109.

[35]Kim M. S., Daughtry C., Chappelle E., et al. The use of high spectral resolution bands for estimating absorbed photosynthetically active radiation (A par). In: Proc, ISPRS'94, Val d'Isere, France 17-21, 1994, 2: 299-306.

[36]Kobayashi T., Kanda E., Kitada K., et al. Detection of rice panicle blast with multispectral radiometer and the potential of using airborne multispectral scanners. Phytopathology, 2001, 3 (91): 316-323.

[37]Kokaly R. F., Clark R. N. Spectroscopic determination of leaf biochemi stry using band-depth analysis of absorption features and stepwise multiple linear regression. Remote sensing of environment, 1999, 3 (67): 267-287.

[38]Kuusk A. Determination of vegetation canopy parameters from optical measurements. Remote sensing of environment, 1991, 3 (37): 207-218.

[39]Li Y., Demetriades-Shah T., Kanemasu E., et al. Use of second derivatives of canopy reflectance for monitoring prairie vegetation over different soil backgrounds. Remote sensing of environment, 1993, 1 (44): 81-87.

[40]Liu D., Kelly M., Gong P. A spatial-temporal approach to monitoring forest disease spread using multi-temporal high spatial resolution imagery. Remote sensing of environment, 2006, 2 (101): 167-180.

[41]Lu R. Detection of bruises on apples using near-infrared hyperspectral imaging. Transactions american society of agiricultural engineers, 2003, 2 (46):

523-530.

[42]Maccioni A. ,Agati G. ,Mazzinghi P. New vegetation indices for remote measurement of chlorophylls based on leaf directional reflectance spectra. Journal of Photochemistry and Photobiology B:Biology,2001,1-2 (61):52-61.

[43]Malthus T. J. ,Madeira A. C. High resolution spectroradiometry: spectral reflectance of field bean leaves infected by Botrytis fabae. Remote sensing of environment,1993,1 (45):107-116.

[44]Mazzoni D. ,Garay M. J. ,Davies R. ,et al. An operational MISR pixel classifier using support vector machines. Remote sensing of environment,2007,1-2 (107):149-158.

[45]Min M. ,Lee W. Determination of significant wavelengths and prediction of nitrogen content for citrus. Transactions of the ASAE,2005,2 (48):455-461.

[46]Miller J. ,Wu J. ,Boyer M. ,et al. Seasonal patterns in leaf reflectance red-edge characteristics. International journal of remote sensing,1991,7 (12):1509-1523.

[47]Moshou D. ,Bravo C. ,West J. ,et al. Automatic detection of yellow rust in wheat using reflectance measurements and neural networks. Computers and Electronics in Agriculture,2004,3 (44):173-188.

[48]Muhammed H. H. Hyperspectral crop reflectance data for characterising and estimating fungal disease severity in wheat. Biosystems engineering,2005,1 (91):9-20.

[49]Naidu R. A. ,Perry E. M. ,Pierce F. J. ,et al. The potential of spectral reflectance technique for the detection of Grapevine leafroll-associated virus-3 in two red-berried wine grape cultivars. Computers and Electronics in Agriculture,2009,1 (66):38-45.

[50]Nicolai B. M. ,Lotze E. ,Peirs A. ,et al. Non-destructive measurement of bitter pit in apple fruit using NIR hyperspectral imaging. Postharvest biology and technology,2006,1 (40):1-6.

[51]Nilsson H. Remote sensing of oil seed rape infected by Sclerotinia stem rot and Verticillium wilt. Sclerotina sclerotiorum,Verticillium dahliae,spectral signatures. Vaextskyddsrapporter. Jordbruk,1985,33.

[52]Nilsson H. Hand-held radiometry and IR-thermography of plant disea-

ses in field plot experiments International journal of remote sensing, 1991, 3 (12): 545-557.

[53]Osborne S. , Schepers J. S. , Francis D. , et al. Use of spectral radiance to estimate in-season biomass and grain yield in nitrogen-and water-stressed corn, 2002.

[54]Pax-Lenney M. , Woodcock C. E. , Macomber S. A. , et al. Forest mapping with a generalized classifier and Landsat TM data. Remote sensing of environment, 2001, 3 (77): 241-250.

[55]Penuelas J. , Baret F. , Filella I. Semiempirical indexes to assess carotenoids chlorophyll-a ratio from leaf spectral reflectance. Photosynthetica, 1995, 2 (31): 221-230.

[56]Penuelas J. , Filella I. , Gamon J. A. , et al. Assessing photosynthetic radiation-use efficiency of emergent aquatic vegetation from spectral reflectance. Aquatic Botany, 1997, 3-4 (58): 307-315.

[57]Penuelas J. , Gamon J. , Fredeen A. , et al. Reflectance indices associated with physiological changes in nitrogen-and water-limited sunflower leaves. Remote sensing of environment, 1994, 2 (48): 135-146.

[58]Polischuk V. , Shadchina T. , Kompanetz T. , et al. Changes in reflectance spectrum characteristic of nicotiana debneyi plant under the influence of viral infection, 1997, 31: 115-119.

[59]Qin J. , Burks T. F. , Kim M. S. , et al. Citrus canker detection using hyperspectral reflectance imaging and PCA-based image classification method. Sensing and Instrumentation for Food Quality and Safety, 2008, 3 (2): 168-177.

[60]Qin J. , Burks T. F. , Ritenour M. A. , et al. Detection of citrus canker using hyperspectral reflectance imaging with spectral information divergence. Journal of Food Engineering, 2009, 2 (93): 183-191.

[61]Qin Z. , Zhang M. Detection of rice sheath blight for in-season disease management using multispectral remote sensing. International Journal of Applied Earth Observation and Geoinformation, 2005, 2 (7): 115-128.

[62]Riedell W. E. , Blackmer T. M. Leaf reflectance spectra of cereal aphid-damaged wheat. Crop Sci, 1999, 6 (39): 1835-1840.

[63]Rondeaux G. , Steven M. , Baret F. Optimization of soil-adjusted vegeta-

tion indices. Remote sensing of environment,1996,2 (55):95-107.

[64]Sasaki Y. ,Okamoto T. ,Imou K. ,et al. Automatic diagnosis of plant disease-Spectral reflectance of healthy and diseased leaves. 1998.

[65]Schowengerdt R. A. Remote sensing:models and methods for image processing. Academic Pr,2007.

[66]Shafri H. Z. M. ,Hamdan N. Hyperspectral imagery for mapping disease infection in oil palm plantation using vegetation indices and red edge techniques. American Journal of Applied Sciences,2009,6 (6):1031-1035.

[67]Shibayama M. ,Akiyama T. Estimating grain yield of maturing rice canopies using high spectral resolution reflectance measurements. Remote sensing of environment,1991,1 (36):45-53.

[68]Sims D. A. ,Gamon J. A. Relationships between leaf pigment content and spectral reflectance across a wide range of species,leaf structures and developmental stages. Remote sensing of environment,2002,2 (81):337-354.

[69]Smith J. A. LAI inversion using a back-propagation neural network trained with a multiple scattering model. Geoscience and Remote Sensing,IEEE Transactions on,1993,5 (31):1102-1106.

[70]Solaiman B. ,Mouchot M. A comparative study of conventional and neural network classification of multispectral data. IEEE,1994,3:1413-1415.

[71]Steddom K. ,Bredehoeft M. ,Khan M. ,et al. Comparison of visual and multispectral radiometric disease evaluations of Cercospora leaf spot of sugar beet. Plant disease,2005,2 (89):153-158.

[72]Thomas J. ,Gausman H. Leaf reflectance vs. leaf chlorophyll and carotenoid concentrations for eight crops. Agron. J,1977,5 (69):799-802.

[73]Vogelmann J. ,Rock B. ,Moss D. Red edge spectral measurements from sugar maple leaves. Remoe sensing,1993,8 (14):1563-1575.

[74]Walthall C. ,Dulaney W. ,Anderson M. ,et al. A comparison of empirical and neural network approaches for estimating corn and soybean leaf area index from Landsat ETM+ imagery. Remote sensing of environment,2004,4 (92):465-474.

[75]Wang D. ,Dowell F. ,Lan Y. ,et al. Determining pecky rice kernels using visible and near-infrared spectroscopy. International Journal of Food Prop-

erties,2002,3 (5):629-639.

[76]Wang Q. , Adiku S. , Tenhunen J. , et al. On the relationship of NDVI with leaf area index in a deciduous forest site. Remote sensing of environment, 2005,2 (94):244-255.

[77]Wang X. ,Zhang M. ,Zhu J. ,et al. Spectral prediction of Phytophthora infestans infection on tomatoes using artificial neural network (ANN). International journal of remote sensing,2008,6 (29):1693-1706.

[78]Weiss M. , Baret F. Evaluation of canopy biophysical variable retrieval performances from the accumulation of large swath satellite data. Remote sensing of environment,1999,3 (70):293-306.

[79]Wu D. ,Feng L. ,Zhang C. ,et al. Early detection of Botrytis cinerea on eggplant leaves based on visible and near-infrared spectroscopy. Transactions of the ASABE,2008,3 (51):1133-1139.

[80] Yi Q. X. , Huang J. F. , Wang F. M. , et al. Monitoring rice nitrogen status using hyperspectral reflectance and artificial neural network. Environmental science & technology,2007,19 (41):6770-6775.

[81] Zarco-Tejada P. J. , Miller J. R. , Noland T. L. , et al. Scaling-up and model inversion methods with narrowband optical indices for chlorophyll content estimation in closed forest canopies with hyperspectral data. Geoscience and Remote Sensing, IEEE Transactions on,2001,7 (39):1491-1507.

[82]Zhang, J. , Foody, G. Fully-fuzzy supervised classification of sub-urban land cover from remotely sensed imagery: statistical and artificial neural network approaches. International journal of remote sensing,2001,4 (22):615-628.

[83]Zhang M. ,Qin Z. Spectral analysis of tomato late blight infections for remote sensing of tomato disease stress in California. IEEE. 2004:4091-4094.

[84]Zhang M. ,Qin Z. ,Liu X. Remote sensed spectral imagery to detect late blight in field tomatoes. Precision Agriculture,2005,6 (6):489-508.

[85]Zhang M. ,Qin Z. ,Liu X. ,et al. Detection of stress in tomatoes induced by late blight disease in California, USA, using hyperspectral remote sensing. International Journal of Applied Earth Observation and Geoinformation, 2003, 4 (4):295-310.

[86]Zhang Y. A new merging method and its spectral and spatial effects.

International journal of remote sensing,1999,10 (20):2003-2014.

[87]Zhao D. ,Reddy K. R. ,Kakani V. G. ,et al. Nitrogen deficiency effects on plant growth,leaf photosynthesis,and hyperspectral reflectance properties of sorghum. European Journal of Agronomy,2005,4 (22):391-403.

[88]边肇祺,张学工. 模式识别. 北京:清华大学出版社,2000.

[89]陈述彭,童庆禧,郭华东. 遥感信息机理研究. 北京:科学出版社,1998.

[90]陈兵,李少昆,王克如,等. 病害胁迫下棉花叶片色素含量高光谱遥感估测研究. 光谱学与光谱分析,2010,30(2):421-425.

[91]陈兵,李少昆,王克如,等. 棉花黄萎病病叶光谱特征与病情严重度的估测. 中国农业科学,2007,40(12):2709-2715.

[92]陈兵,李少昆,王克如,等. 基于 TM 影像光谱指数的棉花病害严重度估测. 红外与毫米波学报,2011,30(5):451-457.

[93]柴阿丽,廖宁放,田立勋,等. 基于高光谱成像和判别分析的黄瓜病害识别. 光谱学与光谱分析,2010,30(5):1357-1361.

[94]陈君颖,田庆久,施润和. 水稻叶片叶绿素含量的光谱反演研究. 遥感信息. 2005,06:12-16.

[95]陈青春,田永超,顾凯健,等. 基于多种光谱仪的水稻前期植株氮积累量监测. 农业工程学报,2011,27(1):223-229.

[96]曹卫彬,杨邦杰,宋金鹏. TM 影像中基于光谱特征的棉花识别模型. 农业工程学报,2004,20(4):112-116.

[97]程乾,黄敬峰,王人潮,等. MODIS 植被指数与水稻叶面积指数及叶片叶绿素含量相关性研究. 应用生态学报,2004. 15(8):1363-1367.

[98]董金臬. 农业植物病理学(北方本). 北京:中国农业出版社,2001.

[99]戴小枫,吴孔明,万方浩,等. 中国农业生物安全的科学问题与任务探讨. 中国农业科学,2008,4(6):1691-1699.

[100]戴小枫,叶志华,曹雅忠,等. 浅析我国农作物病虫草鼠害成灾特点与减灾对策. 应用生态学报,1999,10(1):119-122.

[101]冯伟,朱艳,田永超,等. 基于高光谱遥感的小麦叶片氮积累量. 生态学报,2008,28(1):23-32.

[102]吉海彦,王鹏新,严泰来. 冬小麦活体叶片叶绿素和水分含量与反射光谱的模型建立. 光谱学与光谱分析,2007,27(3):514-516.

[103]竞霞,黄文江,琚存勇,等. 基于 PLS 算法的棉花黄萎病高空间分辨率遥

感监测.农业工程学报,2009,26(8):229-235.

[104]蒋金豹,陈云浩,黄文江.病害胁迫下冬小麦冠层叶片色素含量高光谱遥感估测研究.光谱学与光谱分析,2007,27(7):1363-1367.

[105]蒋金豹,陈云浩,黄文江.用高光谱微分指数估测条锈病胁迫下小麦冠层叶绿素密度.光谱学与光谱分析,2010,30(8):2243-2247.

[106]蒋金豹,陈云浩,黄文江.利用高光谱红边与黄边位置距离识别小麦条锈病.光谱学与光谱分析,2010,30(6):1614-1618.

[107]黄润龙,管于华.数据统计分析——SPSS原理及应用.北京:高等教育出版社,2010.

[108]马春庭.掌握和精通SPSS10.北京:机械工业出版社,2001.

[109]宫鹏.遥感科学与技术中的一些前沿问题.遥感学报,2009,13(1):13-22.

[110]宫鹏,黎夏,徐冰.高分辨率影像解译理论与应用方法中的一些研究问题.遥感学报,2006,10(1):1-5.

[111]卢小广.统计学教程.北京:清华大学出版社·北京交通大学出版社,2006.

[112]雷英杰,张善文,李续武,等.MATLAB遗传算法工具箱及应用.西安电子科技大学出版社,2005.

[113]李云梅,倪绍祥,王秀珍.线性回归模型估算水稻叶片叶绿素含量的适宜性分析.遥感学报,2003,7(5):364-371.

[114]李云梅,倪绍祥,王秀珍,等.水稻冠层垂直反射率模拟.作物学报,2003,29(3):397-401.

[115]李波,刘占宇,武洪峰,等.基于概率神经网络的水稻穗颈瘟高光谱遥感识别初步研究.科技通报,2009,25(6):811-815.

[116]李波,刘占宇,黄敬峰,等.基于PCA和PNN的水稻病虫害高光谱识别.农业工程学报,2009,25(9):143-147.

[117]李映雪,朱艳,田永超,等.小麦叶片氮含量与冠层反射光谱指数的定量关系.作物学报,2006,32(3):358-362.

[118]刘占宇,王大成,李波,等.基于可见光/近红外光谱技术的倒伏水稻识别研究.红外与毫米波学报,2009,28(5):342-345.

[119]刘占宇,孙华生,黄敬峰.基于学习矢量量化神经网络的水稻白穗和正常穗的高光谱识别.中国水稻科学,2007,21(6):664-668.

[120]刘占宇,黄敬峰,陶荣祥,等.基于主成分分析和径向基网络的水稻胡麻

斑病严重度估测.光谱学与光谱分析,2008,28(9):2156-2160.

[121]刘良云,黄木易,黄文江,等.利用多时相的高光谱航空图像监测冬小麦条锈病.遥感学报,2004,3 (8):275-280.

[122]刘伟东,项月琴,郑兰芬,等.高光谱数据与水稻叶面积指数及叶绿素密度的相关分析.遥感学报,2000,4(4):279-283.

[123]浦瑞良,宫鹏.高光谱遥感及其应用,北京:高等教育出版社,2000.

[124]乔红波,周益林,白由路,等.地面高光谱和低空遥感监测小麦白粉病初探.植物保护学报,2006,34(4):341-344.

[125]乔红波,简桂良,邹亚飞,等.枯萎病对不同抗性棉花光谱特性的影响.棉花学报,2007,19(2):155-158.

[126]乔红波,马新明,程登发,等.基于 TM 影像的小麦全蚀病危害信息提取.麦类作物学报,2009,29(4):716-720.

[127]唐延林,王纪华,张金恒,等.高光谱与叶绿素计快速测定大麦氮素营养状况研究.麦类作物学报,2003,23(1):63-66.

[128]童庆禧.中国典型地物波谱及其特征分析.北京:科学出版社,1990.

[129]唐延林,王纪华,黄敬峰,等.水稻成熟过程中高光谱与叶绿素、类胡萝卜素的变化规律研究.农业工程学报,2003,19(6):167-173.

[130]唐延林,黄敬峰,王秀珍,等.水稻、玉米、棉花的高光谱及其红边特征比较.中国农业科学,2004,37(1):29-35.

[131]田庆久,宫鹏,赵春江,等.用光谱反射率诊断小麦水分状况的可行性分析.科学通报,2000,45(24):2645-2650.

[132]Sandhya Samarasinghe,神经网络在应用科学和工程中的应用-从基本原理到复杂的模式识别.史晓霞,陈一民,李军治,译.北京:机械工业出版社,2010.

[133]王人潮,陈珉臻,蒋亨显.水稻遥感估产的农学机理研究.Ⅰ.不同氮素水平的水稻光谱特征及其敏感波段的选择.浙江农业大学学报,1993,S1:7-14.

[134]王玉亮,刘贤喜,苏庆堂,等.多对象特征提取和优化神经网络的玉米种子品种识别.农业工程学报,2010,26(6):199-204.

[135]王秀珍,李建龙,唐延林.导数光谱在棉花农学参数测定中的作用.华南农业大学学报,2004,25(2):17-21.

[136]王海光,马占鸿,王韬,等.高光谱在小麦条锈病严重度分级识别中的应用.光谱学与光谱分析,2007,27(9):1811-1844.

[137]王福民,黄敬峰,王秀珍.水稻叶片叶绿素、类胡萝卜素含量估算的归一

化色素指数研究. 光谱学与光谱分析,2009,29(4):1064-1068.

[138]王福民,黄敬峰,王秀珍,等. 波段位置和宽度对不同生育期水稻 NDVI 影响研究. 遥感学报,2008,12(4):626-632.

[139]王福民,黄敬峰,唐延林,等. 采用不同光谱波段宽度的归一化植被指数估算水稻叶面积指数. 应用生态学报,2007,18(11):2444-2450.

[140]王福民,黄敬峰,刘占宇,等. 水稻色素含量估算的最优比值色素指数研究. 浙江大学学报(农业与生命科学版),2009,35(3):321-328.

[141]王纪华,黄文江,劳彩莲,等. 运用 PLS 算法由小麦冠层反射光谱反演氮素垂直分布. 光谱学与光谱分析,2007,27(7):1319-1322.

[142]王纪华,王之杰,黄文江,等. 冬小麦冠层氮素的垂直分布及光谱响应. 遥感学报,2004,8(4):309-316.

[143]吴曙雯,王人潮,陈晓斌,等. 稻叶瘟对水稻光谱特性的影响研究. 上海交通大学学报(农业科学版),2002,20(1):73-84.

[144]吴华兵,朱艳,田永超,等. 棉花冠层高光谱指数与叶片氮积累量的定量关系. 作物学报,2007,33(3):518-522.

[145]黄文江,王锦地,穆西晗,等. 基于核驱动模型参数反演的作物株型遥感识别. 光谱学与光谱分析,2007,27(10):1921-1924.

[146]黄文江,王锦地,刘良云,等. 基于多时相和多角度光谱信息的作物株型遥感识别初探. 农业工程学报,2005,21(6):82-86.

[147]黄木易,王纪华,黄文江,等. 冬小麦条锈病的光谱特征及遥感监测. 农业工程学报,2003,19(6):154-158.

[148]黄木易,黄文江,刘良云,等. 冬小麦条锈病单叶光谱特性及严重度反演. 农业工程学报,2004,20(1):176-180.

[149]姚霞,朱艳,冯伟,等. 监测小麦叶片氮积累量的新高光谱特征波段及比值植被指数. 光谱学与光谱分析,2009,29(8):2191-2194.

[150]姚霞,吴华兵,朱艳,等. 棉花功能叶片色素含量与高光谱参数的相关性研究. 棉花学报,2007,19(4):267-272.

[151]喻树龙,王健,杨晓光,等. 新疆加工番茄适生种植气候区划. 中国农业气象,2005,26(4):268-271.

[152]杨昊谕,于海业,刘煦,等. 叶绿素荧光 PCA-SVM 分析的黄瓜病虫害诊断研究. 光谱学与光谱分析,2010,30(11):3018-3021.

[153]朱艳,吴华兵,田永超,等. 基于冠层反射光谱的棉花叶片氮含量估测. 应

用生态学报,2007,18(10):2263-2268.

[154]周冬琴,田永超,姚霞,等.水稻叶片全氮浓度与冠层反射光谱的定量关系.应用生态学报,2008,19(2):337-344.

[155]祝宏辉,卢豫,陈勇.新疆订单农业实践的经济学分析——以番茄产业为例.石河子大学学报(哲学社会科学版),2007,21(4):1-4.

[156]张友水,冯学智,阮仁宗.基于 GIS 的 BP 神经网络遥感影像分类研究.南京大学学报(自然科学版),2003,39(6):806-812.

[157]张天柱,吴卫华.应着手规划我国的番茄产业.农产品加工(学刊),2009,6(6):108-114.

[158]张雪红,田庆久.基于连续统去除法的冬小麦叶片氮积累量的高光谱评价.生态学杂志,2010,29(1):181-136.

[159]赵思峰.加工番茄高产优质栽培技术.北京:中国农业出版社,2010.

[160]赵英时.遥感应用分析原理与方法.北京:科学出版社,2003.